U0533051

看见的力量

之

幸福的魔法

著

中国商业出版社

图书在版编目（CIP）数据

看见的力量之幸福的魔法 / 暖花著． -- 北京：中国商业出版社，2024．9． -- ISBN 978-7-5208-3047-8

Ⅰ．B82-49

中国国家版本馆 CIP 数据核字第 2024H68F25 号

责任编辑：吴　倩

中国商业出版社出版发行

（www.zgsycb.com　100053　北京广安门内报国寺 1 号）

总编室：010-63180647　编辑室：010-83128926

发行部：010-83120835/8286

新华书店经销

北京荣泰印刷有限公司印刷

*

880 毫米 ×1230 毫米　32 开　9.25 印张　184 千字

2024 年 9 月第 1 版　2024 年 9 月第 1 次印刷

定价：68.00 元

****

（如有印装质量问题可更换）

献给
秀菊、雅丽、钱德勒
以及渴望幸福的你

看见幸福，你就会更幸福
看见痛苦，你就不再痛苦

你幸福吗？这个问题你不需要回答任何人，你只需要回答自己。

推荐序

人生在世，终生都在与自己的情绪对抗，从而产生痛苦。现代人物质充足，却比历史上任何时代都痛苦。消费主义者试图用消费来缓解这种精神上的紧张和痛苦，却从未获得成功。这种蔓延整个社会的压力和痛苦，已经伴随着全球化成为人类无法摆脱的噩梦。西方哲学家从柏拉图的时代就提出：真正的幸福是灵魂与至善理念的合一。亚里士多德更是提出了"eudaimonia"的概念，强调幸福是一种通过德行和理性活动实现的心灵状态。叔本华、黑塞借助东方哲学的观点，开始意识到幸福是一种内在的体验。在东方，佛陀创立佛教，出发点就是消除痛苦，其修行方式，本质上也是一种向内探索的过程。

这本书相当有禅意，一篇篇文字隽秀的文章，将从各种角度具象化向内求索的方法和成果展现在我们面前。作者的文字清新淡然，在烦躁时拿起这本书，在美好的文字和插图中，平复情绪，体验"境随心转"的快乐，也是一种雅致的享受。

阳明先生有一首不太出名的诗：

　　　　饥来吃饭倦来眠，只此修行玄更玄。

　　　　说与世人浑不信，却从身外觅神仙。

　　佛家修行里有一个重要的观点："果报如此，速行可变。"想在浊世中看到莲花，就要把心放下，稳住精神，向内去寻找。如果您正在被外在世界搅得紧张、痛苦，那么，不妨把这本书带在身边，让它能不断提醒您，外缘聚散无常，关注内心，喜乐自现。

北京大学软件与微电子学院

金融科技与工程管理系副教授

李昕旸

2024 年 8 月 1 日

自 序

做自己幸福的第一责任人

几年前,我经常处于极度痛苦和焦虑不安的状态中。一个周末,我独自躺在床上,房间寂静无声。我却仿佛置身于无边的至暗深海。那种黑暗,是如此浓稠,像是化不开的凝胶。冰冷的海水从四面八方向我涌来,浸透了我的每一寸肌肤,寒彻心扉。我能感觉到自己的温度一点一点地流失,仿佛生命的火焰正在慢慢被侵蚀。

黑暗中,我试图伸手去抓住些什么,但只有无尽的虚空回应着我。那种绝望,如同黑色的潮水,一波接一波,毫不留情地扑向我,侵蚀我的意志,吞噬我的心灵。我挣扎着,想要浮出水面,寻找一丝光明和温暖,但每一次的努力都被更深的黑暗所压制。

在这无尽的黑暗和绝望中,我感受到自己的脆弱和无力。那种孤独感，如同一根根冰冷的钢针，刺痛着我的身心。我知道，外面的世界依然如常，但在这片无边的黑海中，我却孤立无援，无路可逃。

每一秒钟，都变得如此漫长。那种无助的感觉，如同一块巨大的石头，压在我的胸口，让我无法呼吸。我能听见自己的心跳声，沉重而缓慢，仿佛随时会停止。我的思维在黑暗中迷失，找不到方向，只剩下一片混沌。

泪水，顺着脸颊无声地滑落，混入了这无尽的黑海中。每一滴眼泪，都是对绝望的无声控诉。它们像是黑暗中的微小光点，却又迅速被吞噬，消失得无影无踪。我渴望着一丝温暖、一丝希望，但这些渴望在无边的黑暗中显得如此渺茫，如同海市蜃楼，虚幻而不可即。

在这极度的痛苦中，我的心似乎也变得麻木。那种黑暗和寒冷，已经深深地烙印在我的灵魂深处，成了我无法摆脱的阴影。每一次的呼吸，都是一种煎熬；每一次的心跳，都是一种挣扎。我在这无边的至暗深海中，迷失了自己，找不到归路。

然而，就在我几乎要被绝望彻底吞没的时候，母亲的电话打来，带来了我本能渴望的安慰和温暖。我顿时清醒过来，迅速调整情绪，准备接听电话。

在那一刻，两种截然不同的力量发生了正面碰撞。一方面是沉重的痛苦，如同巨浪翻滚，淹没了我所有的思绪和感觉；另一方面是突如其来的幸福感，宛如一道清泉，润泽了我几近枯竭的心田。我仿佛置身于一场内心深处的角力，痛苦与幸福在我的意识里交错搏击。

那一刻，我所有的思绪都停滞了，但我的意识却异常清晰。我仿佛灵魂出窍，置身事外地看着这两股强大的能量在我内心深处对峙，势均力敌。在那一瞬间，我不再感受痛苦，亦不再感受曾经贪恋的快乐，我陷入一种遥远的、无以名状的宁静，不喜不悲、无忧无愁，一种宁静的、不同以往的、之前从未感受过的幸福从内心汩汩流出。那一刻，我仿佛从无边黑暗中瞥见一丝裂缝，缝隙里透出一丝微光，借着这缕微光，我宛若醍醐灌顶：无须满世界找寻，幸福自始至终都在我心里。

当我们能够真正静下心来时才发现，幸福就是一种感受，一种感觉。因此要拥有幸福，你的目标不能放在求而不得的东西上。《红楼梦》中跛足道人诗云："世人都晓神仙好，惟有功名忘不了！世人都晓神仙好，只有金银忘不了！世人都晓神仙好，只有娇妻忘不了！世人都晓神仙好，只有儿孙忘不了！"可见，同学少年意气风发，总想着建功立业、发财致富、贪恋妻女、顾念儿孙，亦是人之常情。所以，人往往认为，只要我拥有了什么东西，达到了什么目标，就可以幸福，而某件东西没有得到或某个目标没有达到时，就会沉浸在痛苦中。这样就形成了一种惯性思维：求不得悖论。你已经拥有的你不再喜欢，你只喜欢还没有拥有的。所以，你的人生过程就需要不停地奔波，不论什么，你一旦拥有了就不再喜欢，接着再为下一个没有得到的目标疲于奔命。

几年前这次奇特的经历让我明白：每个人都有幸福的权利，也有幸福的能力，而你必须做自己幸福的第一责任人。

人生而幸福。我想，我们每个人体内，都蕴含着储量丰富的"幸福矿"，而你需要的是一个能够挖掘幸福的"工具箱"。这个"工具箱"的名字叫"看见的力量"。

幸福并非遥不可及的理想，而是存在于我们每一个"看见"的瞬间。星辰璀璨，江河涌动，你的存在本身就是幸福的。

生命在于看见，只要看见，你就幸福。

在这本书里，我们不只是诉说对幸福的憧憬，更是提供一些真实有效的执行方法。这些方法将教你如何在日常生活中找到、培养并保持幸福感，从心理、情感到行动，每一个小步骤都让你更加贴近幸福的终点。

不再盲目地追求，不再空洞地装饰。找到你的幸福工具箱，让幸福不再是高高在上的梦想，而是脚下坚实的土壤。

这本书介绍的主要内容叫作看见的力量。这是一个广义的"看见"的概念，包括用眼睛看见，这是看见的第一步，因为我们80%的信息都是通过眼睛获取的，还包括用耳朵、鼻息、口舌、皮肤去"看见"、去触摸。最重要的是，用心去看见世界的本原、事物的发展、情绪的波动以及人与人之间的关系，看见并用心去感受。当正向刺激来临，看见、感受喜悦和幸福，并与之融为一体，幸福会储存在你体内，它是幸福的能量。当负向刺激来临时，看见自己的负面情绪，只要保持看见，不作任何评判，就会知道情绪是从哪里产生的。而在你找到根源的那一刻，保持专注，你很容易将注意力集中在那里，你的负面情绪会转化并消融。

爱恨情仇、喜怒哀乐都是你的情绪，也都是你的能量。每当你的情绪启动时，请快速及时看见，并移动到源头，使情绪转化回能量，回落到源头并变得无形。每一种能量都来自源头，你带着这些已经出现的情绪能量寻找源头。而当你到达源头的那一刻，能量就会消融在那里。这不是压抑，因为能量已经回到了最初的源头。当你能够将你体内升起的情绪能量与源头能量重新融合时，你就成了你的身体、你的思想、你的能量的真正主人。

一旦你知道能量是如何随着你回落到源头的，就不需要任何压抑，也不需要任何发泄。我们从此可以明白，能量既不是愤怒，也不是爱，更不是恨。能量就是能量，它是客观中性的。同样的能量可以变成愤怒，同样的能量可以变成爱，同样的能量可以变成恨。这些都是同一种能量的不同表现形式。你给予形式，你的大脑给予形式，而后将能量注入其中。

所以，永远不要对负面情绪本身做任何事情，只需要看见它，与之拉开距离，目送它转化回能量回到源头。一旦你找到了如何将能量倒回源头的路径，你就会拥有不同的个性品质，就像文档中插入了一个分隔符，你的人生从此不同。

试着这样做一开始会很难，因为基因设定程序很顽固，负面情绪很狡猾，它总是想攀附你，想控制你，想"挟天子以令诸侯"。在远古时期这是优异的表现，但现在你一定不要中了它的圈套，保持看见，清醒地把情绪和你及你的理性行为撕扯开。

看见的力量关键核心是：以向内看见为中心，面对外部刺激。若能量转化为幸福、喜悦等正面情绪，看见它，并与之融为一体，你会拥有更多的幸福能量和记忆；若能量转化为恐惧、焦虑、愤怒等负面情绪，看见它，通过方法练习，让它转化回能量，进而以能量形式回到源头，保持内心的宁静与平和。

  阅读本书，你只需用心感受，而非用脑评判。本书第一章介绍了情绪的产生机制、能量本质和进化心理根源，引出了本书的主题：看见。第二章至第七章阐述了看见的内容，看见世界、看见生活、看见情绪、看见关系、看见爱情、看见幸福。最后一章包含12个科学有效的方法，每个方法都提供了一个典型的应用场景，但不局限于此。有的方法提供了一个简单易记的小咒语，有利于在生活中快速调用，效果非常好。当生活中遇到相关应用场景的时候，请你使用它，练习它，然后去体会，去感受。这些方法可以单独使用，也可以灵活组合使用。有很多排列组合形式等待你在生活中开发和应用。

  如果你觉得这些感受和方法有用，确实对你有帮助，那你也不需要相信我，你只需要相信自己。

目　录

第一章　情绪的前世今生

没有一种情绪是没有理由的　　　　　　　　　003

情绪的脑机制　　　　　　　　　　　　　　　006

情绪的本质是能量　　　　　　　　　　　　　010

负面情绪的进化心理根源　　　　　　　　　　013

第二章　看见世界

看见一朵花　　　　　　　　　　　　　　　　019

闲对林鸟听吟啼　　　　　　　　　　　　　　027

当下的旅途　　　　　　　　　　　　　　　　033

与寒冷共舞　　　　　　　　　　　　　　　　038

人生之花开在当下　　　　　　　　　　　　　042

第三章　看见生活

慢慢去煮一壶茶	047
闲时立黄昏　笑问粥可温	053
看见并悦纳你本来的样子	059
那些虚度的时光才是你自己的	066
生活要有仪式感	074
不评判的智慧	080
演好人生大剧	085

第四章　看见情绪

收集幸福的小珍珠	094
从"包"治百病看清你的欲望	099
失控的愤怒	104
没有痛感的痛	112
看见焦虑及其背后的逻辑	119
学会做"责任划分"	123
像爱孩子一样爱自己	127

第五章　看见关系

我是源头，对方只是屏幕	135
月亮与六便士	141
温柔而坚定的旁观者家长	148
忌妒是一场独角戏	155

第六章　看见爱情

爱而不失己　情深且自知	161
简·爱：看见，就幸福	164
安娜：看不见，被七情六欲之蛇缠绕	169
结婚是个数学问题	175
离婚由我	180

第七章　看见幸福

过点状人生	189
看见的进阶之路	193
允许一切发生	198
幸福是感受	204

第八章　看见的实践练习方法

实践练习一	人生若只如初见：积累正面情绪能量	211
实践练习二	我就是喜悦：建设充满幸福能量的生命主体	218
实践练习三	以我为主：重构幸福和谐亲子关系的法宝	223
实践练习四	一二三，木头人：克服演讲恐惧症的绝招	229
实践练习五	扎根当下：拥有开悟爱情关系的秘诀	234
实践练习六	洗碗之禅：学会与难熬的情境和谐共舞的技巧	241
实践练习七	呼的艺术：释放体内的焦虑与痛苦的诀窍	245
实践练习八	拉开距离：化解疼痛焦虑情绪的技能	248
实践练习九	点状人生：时间与情绪的管理神器	251
实践练习十	逆时"倒带"：治疗失眠问题的妙招	255
实践练习十一	情绪脱钩：管理自己与他人的界限	261
实践练习十二	做个不倒翁：构筑岿然不动的生命根基	265

结束语　看见就是一种干涉　　269

参考文献　　273

第一章

情绪的前世今生

弗洛伊德说：被压抑的情绪永远不会消亡，它们只是被活埋，并在未来以更加丑陋的方式涌现。

没有一种情绪是没有理由的

生活中，我们会受到各种各样的外部刺激。这些外部刺激可以分为正向刺激和负向刺激。一般而言，正向刺激是指那些能够诱发我们正面情绪的刺激，负向刺激是指能够诱发我们负面情绪的刺激。

在日常生活中，我们经常遇到正向刺激。例如，当我们去旅行，看到美丽的鲜花、璀璨的日出、广袤的草原、无垠的大海时，美景的刺激会让我们内心涌现出幸福的感受和情绪；当我们跟家人、爱人、朋友在一起时，亲情、爱情、友情的刺激，我们会由衷产生轻松愉悦和幸福感；职场打工人通过努力打拼升职加薪，内心也会有成就感和满足感。

宋朝洪迈在其著作《容斋随笔》中写道："久旱逢甘雨，他乡遇故知；洞房花烛夜，金榜题名时。"就是我们常说的人生四大喜事，可以说是能让我们普遍认可的正向刺激了。

我们也会遇到各种各样的负向刺激，诱发恐惧、愤怒、焦虑等负面情绪，成为我们现代人面临痛苦的主要来源。例如，妈妈辅导孩子作业，看到孩子注意力不集中，或者干脆抗拒学习，就会产生愤怒情绪。在职场上，年轻人被领导批评了，感到非常焦虑不安，同事之间一些不健康竞争，比如偷懒、甩锅等行为令人不爽、愤怒。甚至跟陌生人之间交往都会带给我们负向刺激，比如我们去商店买东西，势利眼的柜姐可能会上下打量我们，说："很贵啊，买不起不要摸。"我们是不是一下子就被激起了情绪？所以，日常生活中时时处处都存在带给我们情绪刺激的事件，没有人能逃离。

正向刺激非常好，我们很欢迎。拥抱、赞美、赚到一大笔钱，和自己心爱的人在一起，我们感觉非常轻松，非常快乐。正向刺激有时候很昂贵或者需要付出较大努力，比如攒钱购买一只奢侈品包，坐头等舱出门旅行，升职加薪等。

相对而言，负向刺激就容易多了，人生不如意之事十之八九，可见负向刺激之多。如果一受到负面刺激，你就会条件反射般产生负面情绪，负面情绪就在你体内累积。负面情绪在体内累积一天，累积一月，累积一年，其中的影响可能还不大。但如果不能够及时找到方法加以调整，负面情绪在体内累积三年，累积五年，累积十年，那么肯定会在身体或者精神层面体现出来，表现为身体层面或精神层面的重大疾病。有生活阅历的人都知道，这绝不是危言耸听。

美国心理学之父威廉·詹姆斯在其《心理学原理》一书中提到，

假如我们把眼泪或怒气硬压下去，而悲哀或愤怒的对象在心上依旧不变，本来要走通常路径的神经流就侵到其他路径了（因为它必须找到一个出路），这样它后来会发生不同的并且更坏的结果。比方说，激愤不发泄，便成长为抱着仇恨的念头；要哭而哭不得的人，身上好像有干热烧着，也许像但丁说的，内心变成石头了。所以，在神经流很强烈又不能走正常路径时，就会冲到病态的路径上去。

所以，没有任何一种情绪的产生是没有理由的。正向刺激产生正面的情绪，比如喜悦、幸福等。负面刺激产生负面的情绪，比如愤怒、恐惧、焦虑等。我们的问题在于，外部环境和现实生活的负面刺激往往不以我们的主观意志为转移，因为我们不能生活在真空中，外部刺激总是存在。你变成了外部环境和刺激的奴隶，你不断受到外部刺激，不断产生负面情绪，会非常痛苦。刺激你一下你就生气了，刺激你一下你就愤怒了，刺激你一下你就焦虑了，再刺激你一下，你就彻底崩溃了。

弗洛伊德说：被压抑的情绪永远不会消亡，它们只是被活埋，并在未来以更加丑陋的方式涌现。我认为，他这里特指的是负面情绪，我们不能压制负面情绪，否认它们，假装它们不存在，这样的后果只会更加糟糕。另外，正面情绪是宝藏，需要我们小心珍藏起来，并在未来以更加美好的方式呈现。

要想生活幸福，就要多接受正向刺激，储存正面情绪，人生低谷的时候，它们是鼓励我们继续前行的能量。尽量避免接受负面刺激，并积极化解负面情绪，不要压抑累积，让它冲到病态的路径上，摧毁我们原本幸福的生活。

情绪的脑机制

什么是情绪？为什么我们会有情绪，情绪的大脑机制是什么？

情绪可以被看成一种由外部刺激诱发的状态。为什么外部刺激会让人产生情绪呢？我们来分析一下情绪产生的机制和过程。

当外部环境中发生一个事件、一个动作，我们统称为外部刺激，外部刺激通过视觉、听觉等渠道被你接收到，会在大脑某个区域（脑区）的神经元活动中表现，被神经机制解码，产生情绪。从接收到外部刺激，到产生情绪状态，整个过程可以分为三个环节。

第一个环节：情绪诱导物引发有机体的参与，诱导物包括外部刺激和内部唤起。比如我们见到久别重逢的老朋友，或者想起童年受到的创伤，都属于情绪诱导物。

第二个环节：价值判断。价值判断是外部刺激或内部唤起被神经机制解码的过程。特定神经部位会对外部刺激或内部唤起进行加工，激活作出反应后产生信号。现有研究认为，与情绪形成有关的几个主要脑区包括眶额皮层、杏仁核、扣带回以及下丘脑在内的基底前脑区域。

第三个环节：情绪产生。情绪诱导部位会发出一系列信号，是体现出来的情绪状态。我们也可以称之为"情绪产品"。

这就可以理解，为什么对于相同的外部刺激，不同人会产生不同的情绪，或者虽然产生相同的情绪，但是情绪的激烈程度存在差异。也就是说，外部刺激是客观的，经过不同人的大脑和神经系统的转化，输出的情绪体现程度不同，甚至是完全相反的情绪状态。

比如，同样面对孩子打碎盘子，对于我们父母（如"50后""60后"）那代人，打碎盘子是个天大的事儿，会激起家长的暴怒，拉过来就是一顿胖揍。而现在孩子（如"00后""10后"）打碎一个盘子，父母几乎没有任何情绪波动，嘴上念一句：碎碎平安，收拾起碎片包好之后扔到垃圾桶，就算完事儿了。又如，同样面对火车上孩子吵闹这个外部刺激，有人情绪失控，上前和孩子的父母理论，甚至发生冲突；有人觉得虽然吵闹令人烦躁，但可以理解和接受，尤其是很多宝妈表示没有任何情绪波动，该干吗干吗。

所以，面对同样一个客观刺激，不同年龄阶段、不同文化背景、不同教育水平、不同经济阶层、不同价值体系、不同性别的人会产生千差万别的情绪，因为每个人都拥有独特的经历、思想、价值观、原则和判断。

美国心理学家阿尔伯特·艾利斯提出的ABC情绪理论，很好地解释了情绪产生和情绪反应的过程。这一理论将情绪反应分解为三个要素：A代表激发因素（Activating Event），B代表信念（Belief），C代表情绪反应（Consequence）。

A（激发因素）：激发因素是引发情绪的外部事件或内部想法。这些激发因素可以是任何事物，如别人的行为、自己的想法、某种情境等。

B（信念）：信念是个体对激发因素的认知评价和解释。这种评价和解释是通过个人的信念系统、价值观和思维模式来进行的。艾利斯认为，人们的情绪反应主要取决于他们对激发因素的信念，而不是激发因素本身。

C（情绪反应）：情绪反应是个体对于激发因素及其信念的情绪体验和行为反应。这可以是愤怒、焦虑、沮丧等任何情绪状态，以及由此产生的行为反应，如退缩、攻击、逃避等。

ABC情绪理论强调，人们的情绪C并非由外部事件A直接引起，而是由个体对这些事件的解释和评价B产生。因此，通过改变个体的信念和认知模式，可以改变情绪反应。这种理论在认知行为疗法中得到广泛应用，帮助个体识别和改变负面情绪反应的根源。

大家都听过一个小故事。从前有一位老太太，她有两个女儿。

大女儿家是卖伞的，小女儿家是卖鞋的。每当艳阳高照，老太太就为大女儿家发愁，担心伞卖不掉；而每当阴雨连绵，她又担心小女儿家的生意无法开张。所以她整天生活在郁郁寡欢之中。这时，一位智者出现了，他对老太太说："我有办法能让你天天开心，但是你必须按我说的去做。"老太太问："那我该怎样做呢？"智者说："很简单，只要转变下想法就行了。你何不这样想呢？每当艳阳高照，你的小女儿就会卖出很多的鞋子，你应该高兴才对呀！每当阴雨连绵，你的大女儿就会卖出很多的伞，你也应当高兴才对呀！"

通过这个小故事，我们可以明白，不论是环境背景、价值判断不同，还是个体大脑和神经系统等生理基础存在差异，都会导致对外部刺激的敏感度和评价标准不同，这会在情绪诱发上表现出差异，进一步体现为不同的人格差异。

情绪的本质是能量

你有没有这样的体验,当你感觉非常愤怒时,你感到一股能量涌现出来。你抑制不住这股能量,这股能量特别上头,你变得不再是你,好像一头被控制的野兽,你想骂人、想发泄,甚至想大打出手。比如,"路怒症"就是双方抑制不住的愤怒和冲动。其他情绪产生的时候,我们也会感觉体内涌动着一股能量。

当我们受到外部刺激而产生情绪时,不论是幸福喜悦的还是焦躁愤怒的,我们都会呈现出一种与平时不同的状态,而这些情绪状态都是由我们体内能量转化来的。

打个比方,就像电力通过电动机转化成动能,通过灯泡转化成光热,受到刺激后,你的能量会通过内部复杂神经机制和生化机制被解码,转化成了快乐、喜悦、愤怒、恐惧、焦虑等各种情绪产品。

能量是守恒的，只要情绪出现了，它就是客观存在的。你的能量以情绪的形式呈现是客观存在。所有情绪，都是我们受到外部刺激后，由神经系统驱动能量产生的。所以，情绪的本质是能量。

人体是一个复杂的生物系统，它需要不断地消耗能量来维持生命活动，适应环境变化。能量就是生命力，能量充足，我们就精力旺盛，可以应对很多外部环境的任务和挑战。能量不足，我们的身体和情绪状态就会受到影响。能量耗尽后，若人体不能继续生产能量，人也就油尽灯枯、寿终正寝了。在日常生活中，只要身体健康，我们就可以通过合理饮食、充分休息、适当运动等方式获取能量，保持生命活力。

我们可以将人体的能量消耗分为三个层次，以便更好地理解身体在不同情况下如何管理和使用能量。

第一层次：基本生活能量消耗。也就是我们在日常生活中不断进行的能量消耗。涵盖了基础代谢，即身体支持基本生理功能所需的能量，如心跳、呼吸、细胞修复和新陈代谢等，还包括日常需要处理的工作、轻微活动、适当运动和做些日常家务等能量消耗。第一层次的能量消耗是持续且稳定的，量级由个体的基础代谢率和日常工作量决定，并受年龄、性别、遗传和身体状况等因素的影响。

第二层次：应激能量消耗。当我们遇到紧急情况或需要快速适应环境变化时，身体会调用第二层次的能量。包括由应激反应触发的各种生化和生理机制，譬如遇到危险时，身体会迅速释放肾上腺素和皮质醇等激素，交感神经兴奋，机体能量消耗增加，器官功能活动出现增强表现，如心率加快、血压升高、呼吸急促、血糖升高，为身体应对紧急情况做好准备。比如，正常情况下，经过一天的辛苦工作，你感觉精疲力竭、电量不足，但如果此时孩子生病不舒服需要去医院，你肯定能够立即弹跳起来，好像满血复活，游刃有余地处理好这一突发事件。这是在消耗应激能量。

第三层次：生死抉择时的能量消耗。这是人体在极端生存状态下调用的能量层次。当人的生命受到严峻威胁时，比如遭遇严重外伤、失血过多或极端的生理压力，身体会采用一切可能的手段来保存生命。在这种状态下，身体可能会进入一种"极端生存模式"，动用所有可用的能量资源，以保持生命至关重要的系统运行，如脑、心脏等。

也就是说，日常生活能量消耗是基础，维持了我们的生理、日常工作和轻微活动需求；应激能量消耗保证了我们在面对紧急情况时有足够的能量反应；而生死抉择时的能量消耗则是我们在极端环境下调用的能量储备。

当我们面对负面刺激时，我们的机体会本能地调动第二层次能量，并产生愤怒、焦虑不安、恐惧等负面情绪。这些负面情绪不但带给我们极大的痛苦，而且都是由宝贵的第二层次能量转化而来的，相当于我们在浪费宝贵的能量产生负面情绪，让自己痛苦。所以如何有效地化解负面情绪，将宝贵的能量用到更加有意义的事情上就十分重要。节省下能量去努力工作，锻炼身体，陪伴孩子，欣赏美景，积累和储存幸福能量，我们将会更加幸福。

负面情绪的进化心理根源

那你也许要问了,既然负面情绪带给我们极大的痛苦,又浪费我们的宝贵能量,为什么我们会有那么多负面情绪呢?情绪的基本功能是在进化过程中,使基因能够限定行为目标,并在大脑中实现,目的在于增加生存率及繁殖成功率。所以,在人类最初的基因设定里,负面情绪和感受是非常重要的。比如,两万年前,人处于随时有危险的大自然环境中,人类看到蛇会本能恐惧,这有利于我们快速逃生。我们一旦感觉到威胁,必须立即调动情绪反应,立刻激发愤怒和斗志,快速取得斗争优势,保护自己的生存安全。情绪的这种基因设定延续至今。

还举"路怒症"的例子,很典型。开车的朋友可能都有体会,在正常行驶过程中看到对方恶意加塞和别车时,本能就很愤怒,就想加速超越，或者想一脚油门撞上去。为什么？

从进化心理学角度看，这种被冒犯后本能的愤怒感觉被嵌入了我们的基因，它能够很好地服务于我们的祖先。在狩猎—采集时代的人类群落中，人们的社交地位和社交圈认可十分重要，它决定了你是否能够优先获取食物、配偶甚至安全。如果你的地位或者身份排序靠前，你将优先获得资源分配；若你的地位或者身份排序靠后，在资源匮乏的远古时期，你的资源获取能力会指数级别降低。你可能会失去交配权，无法实现基因复制和繁衍，极端情况甚至无法获取充足食物，夜晚休息要睡在最可能受到攻击的外围，随时面临死亡风险。

对方行车过程中的加塞或不敬行为会激发你基因里社会地位或者身份排序下降的最原始的恐惧。远古时期，遇见问题必须当即反应，通过快速争斗，快速区分地位。如果你无法立即反应，持续放任这种行为发生，你的身份排序就会迅速边缘化，进而带来严重后果。在族群中确保自己适当的地位和排序，以获取食物、交配权和生存权，这是远古时期留下的基因，现在仍然在发挥着重要作用。

行车过程中，如果加塞者不但加塞，还带着一股子理直气壮你奈我何的气势，就会瞬间启动地位和身份排序遭受威胁和挑战的基因程序，你会感受到怒气爆发得更为强烈。

在职场上同样存在类似的问题。比如我朋友是一家互联网公司创始人，员工也以"80后""90后"为主，扁平化管理，层级简单。公司有两个同事 A 和 B，都是名校硕士毕业，都非常优秀、理性，初创期进入公司，工作能力突出，是公司的骨干元老。后来因为一些鸡毛蒜皮的事情，就开始频繁出现冲突，一步步发展以致水火不容。通俗地说，就是两个人"别苗头"。这种情况一般发生在平级之间，很少有和上级或下级"别苗头"的，为什么？平级之间"别苗头"的本质是：在一个团体内进行非正式排序，而争取排序靠前是人类千万年延续下来的基因。

所以，情绪是非常重要的。总结一下，情绪的第一种功能是对外部刺激、诱导性情境等做出某种特定的反应。第二种功能是调节机体的内部状态，使之能够为某种特定的反应做好准备。在任何一种情绪场景下，有机体内部计划都是很精巧的，而且执行过程是极为可靠的。简言之，对于外部或内部环境中某些有明显危险或明显价值的刺激物，进化已经以情绪的形式组合出了一个与之相匹配的答案。

是不是突然觉得负面情绪也很"清纯无辜"？远古时期进化出的这种情绪立即爆发、立即战斗的"适应器"，在野蛮、未开化、暴力的社会是极为有利的，但已经不适应现代的社会环境。所以，本能"路怒"有时会让双方付出生命代价，平级之间"别苗头"不肯和解可能会导致双双失去"饭碗"，这些导致生存资源的丧失，不利于保证生存和繁衍后代。

现在外界环境和社会进步发展太快了，以至于我们的进化速度完全跟不上节奏。目前，我们生活在世界上最安全的国家，法律法规制度体系健全。如果仍然按照远古时期的基因记忆来应对现代社会环境下的外部挑战，不但不能起到保护我们的作用，反而还会降低我们的社会评价，起到的是反作用。我们现在讲的是泰山崩于顶而面不改色，讲究策略方法，一个成熟稳重、情绪稳定的人更加受到青睐。

所以，我们必须意识到，我们现在生活在一个和平安全的环境中，远古时期曾经保护我们的愤怒、恐惧、焦虑不安在绝大部分现代生活场景下已经不再适用，已经和当初要达到的目标背道而驰。我们是时候进化出新的"适应器"，来解决与生存繁衍有直接或间接关系的特定问题。

这个新的"适应器"就是看见。

第二章

看见世界

每一次，都当作第一次看见这个世界。把生活当作一种乐趣，心就会发展，心聚集能量。

看见一朵花

歌手辛晓琪曾唱道:"拈朵微笑的花,想一番人世变换,到头来输赢又何妨。"想想也很无奈,即使我们面对着一朵美丽动人的花,我们脑子里想的仍然是过往的爱恨情仇、人世变换,想的是未来的输赢和发展,口是心非地诉说着:我不在乎输赢。我们的思绪就像春日里的蝴蝶,一会儿穿过记忆的花田,翩跹于往事如烟,一会儿穿越过时间的围栏,望着天边的一抹乌云心烦意乱,却独独没有关注当下的时光。你手里拈着一朵美丽的花,但你并没有真正看见它。生活的重担压在我们身上,让我们总是行色匆匆,对身边的事物容易视而不见。这是不是也是对生活的不尊重,对美好生命的亵渎。

幸福,从看见一朵花开始。

在夹杂着尘嚣与嘈杂的现代生活中，我们日复一日地在钢筋水泥建筑丛林中匆忙赶路，忽视了一个简单而又深刻的道理：偶尔停下来，去看一朵花，仿佛看见了整个世界。这朵花，不仅仅是花瓣的凋零与盛开，是大地的呼吸、阳光的抚摸、雨水的哺育，更是宇宙无垠循环与生生不息的缩影。

在短暂的一生中，我们寻求意义，渴望连接，在忙碌的脚步声中，往往忽视了最为本质的美好——简单的看见。从茫茫人海的喧嚣中抽离出来，安静地站在一朵花前，抚摸它的每一片花瓣，感受它存在的奇迹，聆听它诉说的故事。这朵花无言，却已讲述了一切。它告诉我们生命的无常，樱花般地灿烂绽放，雨后莲花般地洒脱优雅；也教会我们，即便最后都将归于尘土，可那一刹那的绚烂永远镌刻在时间的长河里。我们的眼睛里映出花的全貌，就像是通过一个小小的窗口，窥视到了整个世界的广博与深邃。

通过看见一朵花，我们学会抛弃生活的纷扰，把每一次看见转化为心灵的养分。就如同佛陀在菩提树下静坐，万物俱在却不动心，独见内在本有的宁静。花朵就在那里，与你我一样，活在当下的每一分每一秒。在这样的意境中，我们暂时不再被外界的欲望与执着所牵动，生命的长度或许不能拉长，但生命的内涵却因为这些满载着深意的看见而得到了真正的丰富。

如果你心头正牵挂着一些烦心事，让你倍感焦虑、恐惧、愤怒，就看着这朵花，深呼吸，每一次都深深地吸气，然后缓慢地呼出，仿佛把心中不快悉数吐出。每一次深呼吸，都是与花朵相遇的仪式，悠悠的风带来了芳香，那是大自然赐予我们的礼物，提醒我们珍惜现在，感知眼前的美好。在这慢慢的时光流转中，我们用心看见世界的每一个角落，那些原本被忽略的微小之美也变得分外耀眼。

看见一朵花，看见整个世界，不仅是眼睛的看见，更是心的体悟。让我们静下心来，感受每一次的呼吸，与这朵花的生命同在，一同成为这个宇宙壮阔画卷的一部分。那时，我们方能明白，心的宁静不是一个目的地，而是一种旅途中的风景，是我们在世界纷纷扰扰中，保持清醒与平静的能力。在这旅途之中，我们看见的不仅有美丽的花朵，还有自己真正的模样。

慢下来，看见一朵花，找寻内心深处的休憩所在。让我们在生活的每个瞬间，不断收集这些璀璨的珍珠，汇聚成一条通往灵魂深处的路。这样的人生，是真正活过的人生，是充满诗情画意的人生。

在那一刻，我们静默地凝视一朵花，时间似乎凝固了。它不仅是生命的体现，更是智慧的象征。参禅不外乎参悟生活，而生活中简单的一花一叶，随处可见的自然风景，都是开悟之地。一花一世界，一叶一菩提，这是说一切皆有佛性，即使是看似微不足道的花朵、树叶，都蕴含深邃的法理。

花是生命脆弱、短促与幻变的象征，它的美丽在为人们带来喜悦的同时，也提醒着我们生命的无常。这种认知唤醒我们心中的悲悯之情，对所有生命的无常现象持有一份超然的了解和对每一个生命的深切同情。懂得生命的本质和无常，我们对世界和众生的态度也将从根本上转变。因为懂得，我们才能真正地感受到

看见一朵花，看见自己真正的模样

慈悲。

我们从看见花的那一刻起,开始懂得了尊重与关怀。我们悉心照顾周遭的一切,不仅是花草树木,更包括我们身边的人与动物,因为我们知道,每一个生命都是独特的。慈悲的心能化解每一点埋怨与嗔怒,它能打动我们的内心,让我们在纷繁复杂的世界中维持一份宁静与清晰。

因此,看见一朵花,不仅是对这个世界的观察,也是一种内心的修行。通过这一朵小小的花,我们了悟到众生平等,体悟到悲悯力量,从而以更智慧和慈悲的方式过好自己的一生。让我们以花为师,以它的静美、脆弱和短暂,时刻提醒自己,存有悲悯之心,过好每一个不可再来的当下。

随着这种参悟的深化,我们逐渐领悟到,一切外在的美丽都是内在实相的反映。当我们静心观赏一朵花时,不仅看到了花的形色,更通过它触摸到了宇宙间一切生命交织的纹理与和谐。心境平和时,我们如同站在时间之外,看见的不只是花的物理形态,更是它背后的生命力量,看见它如何从种子成长,经历风霜,勇敢地绽放。我们看见慈悲,因为我们理解了一切生命的不易,我们的爱心和同情就如同光一样,温暖而照亮他人;我们看见悲悯,因为我们体察到生命的苦楚,我们以慈悲心怀抱一切,给予安慰和帮助。

在每一朵花中看到一个世界,在每一片树叶中见证先知。在深深的禅思中,我们学会了超越形象,挖掘事物的灵魂和本质。领悟到了这一点,我们的生活不再只是为了生存而忙碌,而是为了去体验每一刻的意义，去铭记每个生命的宝贵，去创造和谐与平衡的存在。从一朵花，我们学到了对生命的尊重，从而以这份理解去尊重别人，尊重自然，尊重万物。

看见一朵花，让我们不再为过去的遗憾和未来的不安而烦恼。它提醒我们活在当前，珍惜手头的工作，深爱眼前的人。它鼓励我们放下贪嗔痴，放下无尽的追求和欲望，懂得放手，以一颗宁静的心去对待这个世界。

看见一朵花，就是开启了通向心灵深处的路径，那里安静而宁和，充满了爱、智慧与慈悲。在快节奏的工作和生活中，让我们用一颗柔软的心，触摸一切，珍惜与宁静共舞的每一刻。让生命不仅仅因年月而坚韧，更因慈悲与悲悯而美丽。

当你认真地看见一朵花，你会感觉到心气变得沉静，美丽的花给你带来愉悦的感受。在这个时间里，你与花建立起了独特的情感联结，你不念过往，不畏将来。这段时间，尽管短暂，却是你真正拥有的幸福时光。

在法国作家亚历山大·小仲马创作的长篇小说《茶花女》中，玛格丽特得了不治之症，在活的时间所剩不多的时候，她选择搬到巴黎乡下过幸福平静的生活。书中写道："她表现得像个十岁小女孩似的，在花园里追赶一只蝴蝶或一只蜻蜓。有时候，她会坐在草坪上，用整整一个小时的时间来观察一种与她同名的普通花朵。"这就是生活最幸福的场景描写，看见一花、一草，就是生命最初级，也是最美好的意义。但人总是向外寻求的，金钱、地位、声名。只有意识到死亡时，人才开始向内寻求。

玛格丽特用整整一个小时的时间来观察一种与她同名的普通花朵

我们为什么经常对周围的事物仿佛视而不见？因为生活匆匆，压力很大，每个人都在高负荷运转，光是养家糊口就已经拼尽全力、耗尽心力，且心神总是被各种外界干扰因素所扰乱、混淆、干涉和分散，我们已经没有多余的精力和能力去看见了。就让我们从现在开始尝试改变吧。

去看一朵花，去看一株草。万物都可以看见，那是世界原本的样子。

你可以看见花，看见草，看见细风吹过树梢；可以看见山川，看见河流，看见鸟雀在山谷吵闹；可以看见雨点，看见温暖，看见雪花在空中微笑。

人生无须那么着急，多给自己一些时间，总是让自己多一些看见。不断地看见就仿佛在捡拾起一粒一粒光彩夺目的珍珠，你的人生就是由一个一个的看见组成的。

闲对林鸟听吟啼

找个不忙的周末,呼朋引伴或者携家带口去郊区村落度假吧,暂时远离城市的纷扰,去听听自然的声音。尝试暂时关闭视觉传输路径,专注于听觉,你会发现,当踏入自然的怀抱,耳畔便是最纯粹的交响,是大地给予心灵的温柔抚慰。听,那清泉在石间的欢跃是旅行者的心跳,每一滴水珠跌落,都是自然的低语,柔软而坚定,如同古老镌刻在时间的岩石上,透出清新淡雅的生命旋律。

听见,从晨曦的第一缕光透出地平线开始,大自然的乐章已悄然奏响。那是鸟儿清脆的叫声,作为天空的宣言,它们在枝头跳跃,吟唱着晨光的赞歌,如同小提琴的细腻颤音,唤醒沉睡的世界以及我们的心灵。万物生长的声音仿佛能够被听见,它们在光与土壤的怀抱中蓬勃而出，像是非言语的咏叹，让我们的生命感受到同样的勃发与期许。

河流在峡谷间或平缓或急促地流淌，银白色的水线在阳光照耀下熠熠生辉，水流的声音是时光的语言，也是自然的心跳。那不绝如缕的水声，如同一首无休止的长调，告诉我们生活的连续与起伏，且声声不息地缓解我们内心的渴望与追求。

林中，轻风扫过万木挺拔的身姿，树枝在风的抚触下轻轻摆动，树叶摩擦生出的窸窣声，和着风儿自由旋律的歌声，构成了一篇绿意盎然的乐章。这首大自然赠送的抚慰之歌，似乎在告诉我们：不论世间变换多么迅猛，只要内心保持如林中之风般自在，就能在瞬息万变的世界中保持平和。

望着树梢，百灵鸟的歌声如诗人的独白，穿透云层，划过风的轨迹。在这山涧的交响诗中，百灵的歌声是天籁之音，将喧嚣的世界远远抛之脑后，只留下与心灵的对话，如晨曦中最柔软的光线，照亮心底的每一个角落。

树叶与风的窃窃私语，是自然界最细腻的情感表达。山林间树枝的摇曳，好似绿色的波浪在和风的指挥下翩翩起舞，它们的沙沙声是无尽宁静的象征，一曲自然编制的摇篮曲，将我们轻轻摇入甜美的梦乡。

花丛中蜜蜂的翅膀，快速而又节奏感强烈地振动着，那是自然界的精灵在空中划过的音符。每一次振翅，都让人感受到生命跳动的热情，犹如画家细腻的笔触，在心海中描绘一幅波光粼粼、生机勃勃的画卷。

当黄昏来临，夕阳的余晖洒落在大地上，请仔细倾听，昆虫们开始各奏其音，铺就一部多姿多彩的交响乐。蟋蟀的轻鸣，萤火虫的闪烁，它们配合着微光，为大自然添上一抹神秘的笔触。

到了夜晚，静谧的大地上，虫鸣如同宝石散落在绒布上的轻响，是大自然最朴素的安眠曲。那细碎而柔和的声音，构建了一座幽静的桥梁，连接了梦境和现实，带我们进入一个温馨安宁的世界，在繁星点点的夜空下，找寻心灵的宁静港湾。

这么多独特而美妙的声音，就如同一场精致的视听盛宴，它们不仅是耳朵的享受，更是心灵的触动，唤起我们对生活最深切的感受与思考。每一个自然之声背后，都是一个活生生的故事，它们共同编织出一部大自然的生命史诗，让我们在忙碌和喧嚣中重新找到宁静与和谐，找回那一份与生俱来的纯真和自由。自然的声音，就是最好的音乐家，它教会我们如何倾听，如何领悟，如何深爱这个世界的每一个角落，让我们的心灵获得真正的自由飞翔。

这场听觉的盛宴，是自然赐予我们的礼物，无须言语，也无须解释，只需要用心倾听，它们便能带给我们无与伦比的美好享受。在每一个清晨和黄昏，大自然的声音就像邀请人心的旋律，诱引我们走出闷热的房间，去亲吻大地，去抚摸生活，去感受与自然交织的每分每秒，让心灵在这美丽的乐章中得到净化，让我们享受生命的每一次呼吸。

在这繁杂喧嚣的世界中，从小卷到大的沉重学业，身心俱疲的工作看不到尽头，升学、工作、生育、养老，人生每个阶段的

KPI催促着我们向目标一路狂奔，我们的内心往往充满了无休止的思绪与紧张的节奏。然而，当我们静下心来，让自身融入自然界的声响之中，听见便成了一座桥梁，将我们的意识引向深层的宁静与和谐。

自然界的声音，不是单纯的波动，而是具有治愈能量的灵魂之音。在听见中，我们专注于这些声音，将全身心的注意力放在鸟鸣、水流、风吹过树林的沙沙声上，我们不作评判，不留恋过去，不憧憬未来，只是单纯地存在于当下，存在于这每一个声响构成的现实之中。

这样的专注，让我们的心灵得到了舒缓，像是给紧绷的弦松弛了一些，让压抑与焦虑悄然溜走。让我们试着深呼吸吧。我们随着自然的节奏呼吸，让清新的空气像一股清凉电流通过体内的每一个细胞，好似置身于心灵的瀑布下，洗涤尘垢，清新自我。

如果条件允许，让我们静坐于山林之中，闭上眼睛聆听每一次鸟鸣和虫鸣。这种声音引领我们走进内在的世界，触摸到那些被日常生活埋没的感知。在这个空间，声音的治愈力量被激活，它不仅能减轻我们的心理压力，还能帮助我们建立起更加积极的心态，提高生活的质量。

当我们的心与自然界的声音共鸣，我们的身体和心灵就开始回归到一种最初的状态。自然的声响成为引导，带领我们进入更深层次的自我探索，让我们认识到内在的平静和力量。这不仅仅是对心灵的疗愈，更是一种自我升华，让我们在生活的道路上拥有更清晰的视野和更坚定的步伐。

倾听大自然的声音

自然的声音就像是一位智者，永远不厌其烦地教导我们如何聆听，如何体察，如何与宇宙万物和谐共存。通过对这些声响的深度体悟，我们获得的不仅是暂时的宁静，更是长久的清净的心境，是一种生命的觉醒。如此，声音便成了治愈的药剂，用最纯粹的方式，恢复和保持我们心灵的健康。

当下的旅途

人类社会发展得太快了，人类的进化赶不上发展的步伐。现在的城市人类，每天行走在钢筋水泥的丛林中，脱离了大量体力劳动，摄取着过剩的热量及"科技与狠活"。伯特兰·罗素（Bertrand Russell）曾说过："我热爱文明，但我们付出了巨大的代价才实现了文明。"

在万卷书籍的海洋中，我们汲取知识；在万里的征途上，我们寻找生命的真谛。俗话说，读书虽明，不如脚步深远。然而，在尘嚣与匆忙之间，我们常常丧失旅行的本义——看大千世界的斑斓，听自然的低语。今天，就让我们开始放慢脚步，去真正地看见这世间所有美好，活在当下，享受生活。

时光滚动向前，我们要时常停歇，为了看见更真切的风景。

以心观看，以情聆听

山的巍峨不在于它那遥不可攀的高度，而在于它岁月沧桑，静默而坚韧的姿态。一方石壁，一缕山风，都是在讲述不屈的传说。水的浩荡不止于江海的澎湃，更是细流轻吟，水草摇曳，反映出岁月的深沉。停下脚步，你将看到水波下的光影交错，感受到宁静汇聚的力量。

草原的辽阔亦非仅仅铺展在地平线之上，更是每一朵野花的顽强，每一阵草香的飞扬。躺在这片天地间，任思绪随云飘动，你会听见风中草原的细语，是自由的吟唱。森林的深邃不只因为树木交织的屏障，更在于那每一松针芬芳的堆叠，每一个生命闪烁的灵性。走入林间小径，是在与古老的生灵对话，每一步都是心灵与自然的密合。

以心观看，以情聆听。当我们在旅途中始终秉持着这份心态，那么，不论身在何处，都将充满丰饶的意蕴与深长的思索。不再是匆匆一瞥，而是临在的体验，是活在当下，共鸣着宇宙的心跳。

一个真正的旅行者，不是流浪者，而是诗人，是画家，是生命的歌唱者。他们的脚步不匆忙，他们的心灵不焦虑，因为他们知道，只有真正看见时，生命才会在眼前绽放出最精彩的色彩。绽放的不仅是风景，还有旅途中温柔成长的灵魂。

彼时，我们会发现时间仿佛慢了下来，呼吸变得有意识，每一口空气，每一片叶子，每一滴露珠，都成了与生命对话的语言。在这旅途中，我们不再追逐，不再匆忙，只是简单地存在，坦诚地面对自己的内心。

真正的旅行，是与自己的灵魂相遇。我们不在乎地点的远近，不在乎时间的长短，追求的是一种深深的觉察和体验。在这种体验中，我们不仅看见了风景，也看见了自我，看见了成长的脚印，看见了沿途的点点滴滴，汇聚成对生活的深刻理解。

我们需要的旅行，是那种让你忘记自己是谁、在哪里，却又在最终找到更真实自己的旅行。是那种即使是静坐于一隅，也能感受到万物生长，感受到宇宙呼吸的旅行。那样的旅行，不会轻易结束，因为它的故事，随着心灵的成长，将无穷无尽地续写下去。

让我们在旅途中保持着那份纯真的好奇心和虔诚的敬畏之心，去看见这世界的大美。不仅是眼睛的看见，更是心灵的感受。在那些被忽略的细节中找寻生活的乐趣，让我们的生命不再是一张地图上简单的路线和点，而是一部丰富生动的游记，记录下那些真实的瞬间、那些温柔的岁月。

有时候，我们需要远行，去体会从未接触的文化，去领略大自然无法复制的艺术。有时候，我们只需要在家门口的那片树林，或者城市的某个角落逗留，同样能够遇见一个全新的世界。看见不仅存在于远方，也存在于近处，存在于心中。

我们最终收获的不仅是脚下的路，更是一路上的智慧与洞察。旅途不仅是体验世界，更是体验生活。感知生命的深度与宽度，让我们在看见中，活出更加精彩的人生。这样的旅行教会我们，生活不是一场马拉松，没有必要总是追求第一个抵达终点。生活更像是一首悠扬的乐章，它鼓励我们倾听每一个音符，品味每一个节拍。如此，我们才能在旅途的每一步中，找到那种细腻而深刻的幸福感。

人生旅途里，我们可能会迷失方向，但正是那些未知和不确定，构成了生命魅力所在。我们在旅途中学会放慢速度，减少外界的嘈杂干扰，闭上眼睛，深吸一口气，轻轻地向内看。在这份寂静与静谧中，灵魂得以安歇，心灵得以放飞。

当旅行成为一种内在的需求，它将引导我们走向更深远的地方——不仅是地图上，更是心灵的深处。它教会我们怎么去爱，怎么去懂，怎么去尊重，怎么去思考，怎么去欣赏这世上千差万别的美。

故而，在这条充满未知与发现的路上，让我们都成为那个温柔而真诚的旅人，将内心渲染的色彩涂抹在生活的画布上，以期看到一个又一个未被发现的自己。我们不仅走过山川河流，更走过了自己的心灵之路。

当我们回望往事，每一段旅途都不再是一个简单的地理坐标，而是内心世界的一次次扩展与升华。那些看见的时刻，像是珍贵的宝石，嵌在记忆的宝盒中，闪耀着生命之光。我们的每一步，早已超越了千山万水，它是一种精神上的流浪，是一段心灵上的旅行。愿我们都能在这个宏伟的宇宙中找到自己的位置，读懂大千世界，也读懂内心深处的自我。在看见的路上，我们自由地探求，勇敢地前行，温柔地生活。这便是旅途最美好的样子，是生命最真实的写照。

与寒冷共舞

多年前的一个冬天，我在零下 15 摄氏度的北京郊区一座城堡拍婚纱照。郊区的风没有了城市密集建筑物的阻挡而横冲直撞。天空一片湛蓝，像是一块蓝色玻璃天花板。新郎西装革履，衬衫、马甲、外套里三层外三层，摄影师和工作人员也都是羽绒加身，只有我，穿着一件露背的白色婚纱，冬日的寒风像蛇一般往我的骨头缝里钻。我的头脑被寒冷刺激得异常清醒，未戴眼镜的双眼仿佛也不那么近视了，蓝天、城堡甚至地上的灰砖都是如此清晰可辨。在那个凛冽的冬日，我仿佛经历了一场心灵的净化礼仪。在一片澄澈的碧空下，我的身躯虽然遭受着寒冬的煎熬，却也在这样的极境中挣扎并变得坚韧。

在那种极端的寒冷下，你会突然发现，你的意识不是逃避，而是完全地看见并接纳了冬天的冷峻。你所觉知的寒冷，并不是要抵御的敌人，而是可以视为自然世界的一个部分。通过接纳它，你超脱了对冬日严寒的抗拒，这种彻底的看见和感受，使得原本的苦痛转化为了一种可以超越的神奇体验。那道来自西北边陲的寒风，在没有了内心拒绝和抵触的情况下，不再是痛苦的源头，相反，它成了见证心念平静与坚固的媒介。看见，是一种超越了形式与空间的洞察，它能让人在痛苦和快乐的体验中找到恒常的宁静。就像你站在城堡中，身着婚纱，寒气侵袭但心灵自由；你在寒风中不仅见证了自己意志的强大，也见证了看见的力量。因为真正的看见，让寒风成为旋涡中的宁静，让寒冷成为冰封世界中一朵绽放的雪莲。

在寒冷的冬日里，看见与未看见的确造就了巨大的鸿沟。未看见时，冬日的严寒如同隐形的敌手，悄无声息地侵蚀着我们的肉体和精神；如果我们将其看见和感受到，寒冷便转化为了一种可见的存在，一种可以理解和对待的现象，不再是不可抗的力量。在保持看见的状态下，我们的觉察力增强了，体验到的寒冷不仅是温度的下降，还是身体对环境变化的一种反应。这种看见是一种深刻的意识转换，它不是简单的忽视寒冷，而是一种全然看见并接受的姿态。当我们真正意识到身体的每一次战栗，每一阵风寒刺骨的感觉，我们其实在学习和它共存，并以一种更有智慧的方式拥抱它。通过这种深刻的寒冷体验，我们能更好地觉知体内的温暖来源，激发内在能量，实际上也是一种深深的自我照顾。

这种神奇正如古老故事里的隐喻，寒冷其实是一面镜子，它反映出我们的内在状态。一旦看见了自己在镜中的影像，我们就能明白冻伤或寒战只是物理现象的一部分，另一部分是心灵的力

与寒冷共舞

量和对环境的深切理解。正视寒冷,越发觉察它的存在,我们竟能找到与之舞动的步伐,乃至在深冬里亦步亦舞,体会到一种奇妙的温暖和超越。

在这样的境界中,寒冷不再是纯粹的物理经验,而是变成了一种心灵的磨炼。这种磨炼超越了表面的苦痛,而是对自己身体、情感和心智极限的探索。在看见寒冷的同时,我们也在洞察自我,了解到即便是在最为艰苦的条件下,自己依然能够主宰身体的感受,控制心智的状态。当我们的意识完全沉浸在现实的每一分寒冷中时,我们就在实践着一种积极的生活态度,这种态度不是被动地接受,而是积极地转化。我们与寒冷之间的对话,不再是一个单向的受苦过程,而是一场心灵的交响乐。在此中,我们渐渐学会如何根据自己的内在节奏调整反应,而非仅被外在环境牵引。

更重要的是,在看见与寒冷对峙的过程中,我们体悟到了一种超越自我边界的可能。当下的每一阵冷风,每一个冻结的瞬间,我们所体验的寒冷,都变成了理解世界更深层次的途径,成了心灵的涤荡和启迪。

于是,在那个冬日的清晨,穿着薄薄婚纱的我,不仅是一个挑战自我的勇士,更是一个在生命的道路上不断看见的旅者。我的经历告诉大家,内心的觉醒能使人有力量去寻觅并创造温暖,即使是在最深沉的冻土之中。这场与寒冷的深刻对话,未尝不是一段宁静致远的旅程,它引领我们走向更加温馨和明晰的生活归宿。

那天拍完婚纱照,我没有感冒。那份通过觉察所得的温暖,正是看见的神奇力量所在。

人生之花开在当下

穿越时光的河流,巍峨的山峦早已披上遥远时光的衣裳,岁月的手掌在那片曾经贫瘠的土地上轻抚,留下了满目的沧桑。孩提时代,在我的眼中,春的繁华殊未可知,夏的丰盛不曾领略,秋的硕果仅是一种渴望,冬的温暖乃是奢望。物质的缺乏如影随形,那时,自信仿若夜空中的星辰,稀星点缀,噙着距离的寒意。

然而,生命的画卷任由风雨漂洗,却洗不褪坚毅和期望。从阿尔弗雷德·阿德勒的智者视角,人生犹如一部鸿篇巨著,每一篇章的扉页上都题写着不同的故事,而每一段经历都非注定终身。过往的匮乏,不过是一页陈旧的史书,它不过是过往云烟,不能决定现在,更不应定义未来。苦涩的果实,依然能滋养心田,延伸出希望的枝条。我们无须咀嚼过往的苦味,仅需客观地读着往昔，就正如读一本经历沧海桑田而余页飘摇的书籍，体会其中的智慧与成长。

宽恕昨日，观照今朝，明天不待。感知生命的流转，就如同观赏一场无声的舞蹈，纵有幕幕挑战，却也处处充满韵律。保持情绪如平湖无波，理性如孤帆远航，每一次学习如同汲取天地间细腻的露珠，每一分努力都是对未知的美好一次深情的拥抱。是的，生活不仅是一场长跑，更像一首动听的交响曲，每个音符都值得我们用心去体会，去奏响。

人生之花，开在当下，不谢于昨日之阴霾，亦不渴慕明日之阳光。活在此时此刻，是你我拥有的最大的财富。心如莲花，生于淤泥而不染，抱着一颗无患的心，在人生的每一步道路上，无论走得有多艰难，依然能向着阳光绽放。就在这平凡转瞬的每一刻，沉淀出至纯至美的喜悦之感，这便是人生的真谛，是幸福快乐的真实写照。

如是我闻，如是我感，如是之行。拥抱人生，爱惜光阴，热爱每一个现在，方可拥有无限美好的未来。这一切，如同泼墨山水间的点睛之笔，勾勒出最鲜活的人生图景。因此，让我们稳步向前，让内心的宁静与高远成为心的指南，引领我们越过生命的群山，走向那片星光所照耀的地方。

在追寻星光照耀的旅途中，心若浮云，轻柔地在时空的缝隙中游走，穷尽千帆过，却仍怀揣着童稚时的纯真和好奇。那些日子里的匮乏和挑战，现已成了你人生征程中层层叠叠的阶梯，每一级都凝结了汗水与泪光，每一级也铸就了坚韧与勇气。当我们对过去的艰辛采取一种客观而平和的态度，就如同山巅的雪，终将融化于春日中的温暖，滋润着心田，开出崭新的希望。

每个拂晓，当第一缕阳光描绘出清晨的轮廓，静默地告诉我们：这里是新的开始，这里是另一个故事的萌芽。我们持续地去学习，不仅仅是为了知识的积累，更是让内心的沙漠泉眼涌动，去认真地生活，就是让我们的存在变得有意义，有重量。

此生短暂，如白驹过隙，而我们真正拥有的就是这一刻。每一次呼吸都是奇迹，每一次跳动都是乐章，不再是开端的无知者，也不再是尽头的虚妄梦想家。我们在此之间，以一颗澄澈的心凝望人生，以琉璃般透亮的眼眸看待世界，不因过往的荆棘而畏缩，不因未来的迷雾而彷徨。我们有足够的勇气和智慧，去续写生命的篇章，去引领自己进入更为广阔的天地。

于是，我们歌唱着生活的旋律，我们起舞于生命的彩虹之下，每一个舞步都是心灵的释放，每一曲乐声都是世界的回响。而那些昔日的物质与精神的匮乏，只不过是春天里的冰雪，终将在决心和行动的阳光下逐渐消融，化作滋润生命的甘露，让我们的生命之花更加璀璨夺目。如是行走，如是品味，这人生，便是美丽的诗，是画卷里流动的江河，每个瞬间，都是唯一，都值得我们以最真挚的心去珍藏。

第三章

看见生活

你知道,生活只是一场戏,你是这场戏中的演员。如果你能像舞台上的演员一样在生活场景中表演,你将超越它。

慢慢去煮一壶茶

在喧嚣纷扰的世界里，人们往往忙于奔波，追逐着快节奏的生活，从而忽略了生活中简单而平静的美好。慢慢煮一壶茶，是凝神聚气、感悟生活的过程。想象着这样一个画面：外界的噪声被温和地关在了门外，只有你与这个空间的呼吸，有条不紊。茶叶被静静地置入壶中，似乎在期待与水的邂逅。煮水的炉火渐渐升起，那是化繁为简的过程，在火候中寻求一个温度，待到水波微澜时，便是茶与水充分交融的最佳时机。倾听水开的声音，清脆中带着一丝悠远，好似自大千世界的尘嚣中抽离，静静体会水声渗入心底的宁静。看着水滴落入茶壶的动作，那是时间的仪式，每一滴水的坠落都是现在的见证。茶叶在热水的滋养下徐徐铺展，淡淡的茶香逸出，如时间静好，轻柔地抚平心灵的皱褶。

此时，你的心不在过去的焦虑，不在未来的期待，而完全沉浸在这个简单的动作里。每一个细节，每一个感觉，都被放大，被体验。这壶茶，不仅是物理意义上的饮品，更是一种生活的哲学，一种对时间的尊重，对当下的肯定。

　　同样的看见还可以延伸到日常家务之中，洗碗不再是令人不悦的烦琐，而是感受水流过皮肤的温度，看见泡沫在不断生长与破灭，抚触手中每一个餐具的形状和质地。当我们将注意力全然放在前方这一只碗、这一只盘子上时，我们实际上正在看见一种生活的禅意——见微知著，体悟万物。

　　过去与未来，只是时间流转中的概念，真正可把握的只有此刻。每一个如同仪式的小动作都是自我寻回之旅。即便是最平凡的煮茶倾盏，洗碗擦桌，都能够转化为体悟生命、领悟幸福的契机。所以，愿你在平凡日子的烹茶梳洗中，倾听时间的脚步，体会生活的温度，感受存在的重量，珍惜每一个当下，每一次遇见。在日复一日的琐碎中发现属于自己的诗情画意，把每一日的平淡生活，如茶般慢慢品味，沉淀出属于自己的智慧与光芒。

　　在这宁静的茶香中，时间似乎被拉长，而心灵仿佛得到了解放，不被未来的幻想束缚，也不被过去的记忆拉扯。这就是看见给予我们的礼物——一种全然在当下的清醒。洗去一切杂念，我们能看见内心的宁静湖面，那里有我们的倒影，见证了我们存在的独特和美好。

　　让我们细细体味那一壶茶的转变，就如同观察自己的内心世界。从放入茶壶的干茶叶渗透出第一缕茶香开始，我们在每一步

一种生活的禅意——见微知著,体悟万物

的细致中培养出深厚的感知力。这茶香，似乎带有点点自然的清新与大地的气息，这不也是我们每个人的生命中素未谋面的本真和朴素吗？在品味中，我们学会用心触摸，用心聆听，用心感受，不再是简单的喝茶，而是一种生活的品位，一种审美的意义。

将心沉浸在这样的境地，你会发现即使是最平常的行为，在目光的注视下也能发现不平凡的意义。那些曾经视为枯燥的时刻，在全然的专注中变成了内在平和的源泉。这就是看见的力量，即使是一壶茶，一碗一盘，都沉淀着生活的哲学。看见并活在当下，并非意味着放弃过去或未来。它意味着以一种更深刻、更真实的态度体会生命，体会那些穿越时空的情感与体验，它们串联成我们对世界的理解与感知。在每一次呼吸中，在每一次茶香袅袅升起的间隙，我们与这个宁静又热闹的世界，重新握手言和。

所以，让我们用心地煮一壶茶，在这个过程中见证心灵的流动与转变；让我们用心地洗净每一个器皿，在沫与水的洗涤中感受纯粹与简约。融入生命的流逝，品味存在的精华，终将觉醒那一分安详与微笑，它从平淡日常生活的深处，缓缓升起，照耀我们每个人的内心世界。

在这个看似重复的平淡中，真正的艺术正悄然绽放。慢慢煮茶的过程，每一次沸腾不仅仅是水的升温，更是心的升华。生活中的每个瞬间都如同一件艺术品，认识到即使是最微小的肢体活动，都蕴含着美的可能。煮水倒茶，洗涤烹调，每一次的动作和选择，都成了一种无言的诗句，一幕无声的演绎。

我们开始领悟到，生活不是一连串的等待和盼望，而是一个个完整的现在。煮茶时的沉静，洗碗时的匠心，都封存着我们与时间对话的印记。在简单的日常中，我们寻找着那一份深藏在细碎时光里的仪式感。每当我们将全身心投入眼前的细小事务中时，便是在用整个存在去触碰生命的质地。

一壶茶在沸水中舒展开来，那是自然赋予我们的礼物，也是时间给予我们的节奏。我们欣赏着茶色随时间的流逝而变化的绝妙过程，正如我们的生活，随着每一个心的体悟，而日益明亮透彻。那水中的微妙波纹，就如我们心中的片刻感动，它们不声不响，却能激起无数回响。

在当下，我们不仅是在煮茶，在洗涤，我们也是在与自己内心深处对话，是在与周围的世界和解，是在与这个瞬息万变的宇宙握手。放下心中的执念，学会如何坐看云卷云舒，如何静听风吹草动。每一次心的归零，都是一次对生命意义的深刻探索。

于是，我们的生活被赋予了新的意义：不再是盲目地追求与欲望的满足，而是学会在每一个细微之处发现生活的真谛。更加深切地面对生活的真相，是在茶的清香与碗盘的擦洗中，发现内在平静的源泉，让心灵得以安宁，让生命得以充实。

让我们慢慢煮一壶茶，让心灵在蒸腾的热气中舒缓；让我们静静洗一次碗，让手中的碗盘成为感悟生活的画布。在这平凡而又神圣的日常里，我们一步一个脚印，绘制出属于自己生命旅程的地图，将那份对当下的尊重与珍惜，化作周遭氛围中最温和、最持久的力量。

随着每一次深呼吸，我们放慢脚步，忘却外界的喧嚣。我们开始倾听内心的低语，探索自己内在世界的奥秘。我们可以看到阳光透过叶缝，斑驳陆离地映射在桌面上；我们能够感受到微风轻拂脸庞，带来的不仅是一丝丝凉意，还有大自然的温馨问候。每一根心弦都似乎被这些自然界的细节触动，我们不再关注那些过去的失意和未来的不安，而是全心投入此刻。我们开始体会到，没有一粒沙子是平凡的，没有一片云是普通的。每一片叶子的舞蹈、每一朵花的微笑都在告诉我们，生命最伟大的奇迹就隐藏在生活的平淡之中。

于是，我们学会了欣赏那些鲜为人知的小故事，它们使我们的生活变得更加丰富多彩。我们知道，那块曾经无数次踏足的石板路，那扇默默开合的门扉以及那张陪伴我们度过无数风雨的旧窗棂，都有它们自己的语言和节奏。而我们，渐渐地学会了去看见，去欣赏，去珍惜。

反复品尝一壶好茶，每一次都有新的领悟，每一刻都充满惊喜。它不是在逃避现实，而是深入生活的核心和本源，是在风中、在雨中、在阳光下、在月光中，用心体验，用心感受，然后微笑着，悠然自得地走在人生的旅程中。当我们内心真正平静下来，当我们真正学会看见并珍惜眼前的每一个瞬间时，我们才能体会到生命的真谛——活在当下，看见真我。

闲时立黄昏　笑问粥可温

　　闲时立黄昏，余晖洒落在温暖的院落，轻风悄然而过，带起一两片落叶的律动。随着日光的渐渐沉淀，一切都被染上了一层淡淡的金色。四周静谧，偶有燕子归巢的啾啾声，远方牧归的笛音，构成了一幅恬淡而宁静的田园诗画。在这宁静的空气中，厨房的窗户透出暖黄色的光亮，映出模糊的身影，是家的暖意，是料理爱意的剪影。铁锅轻响，轻轻搅动中，粥香四溢，似乎能温暖一切岁月的寒冷。火光下，岁月静好，熬出了一锅家的味道。

　　随着门扉咿呀开启，笑容盛开如花，"粥可温？"温柔的问候，如同夜风中的一缕梧桐花香，沁入心田。这是何等的美好，一日之劳碌，在这浅笑嫣然中烟消云散。一碗热腾腾的粥，胜过千言万语，浓浓的爱与陪伴，在这里凝固成每一个温暖的瞬间。

坐于矮几之旁,碗中腾起的热气,撩拨着唇边的笑。屋外,柿树的叶子开始泛黄,季节如此静悄悄地换了新装。而屋内的时光,却在这简单的晚餐里被拉长,温暖、和煦,仿佛能把最深的情感都密封在这不言中。幸福的画面,并非华丽浮夸,常是在这些微小的事物中彰显其真。一顿晚餐,一个问候,一缕余晖,正是生活里平淡无奇的点点滴滴,构成了我们心中最为丰盛的滋味。在这个忙碌纷扰的世界中,能有这样的一刻,是多么值得珍惜和感激。

当一天的忙碌退去,生活回归简单,就让我们在这样的黄昏下,轻启双唇,微笑着问一句,"粥可温?"而那份平静而淳朴的幸福,便在心头悄然绽放。

迎着夕阳残照的余温,宁静的房屋里,生活的烟火气越发浓郁。窗外的落日如一帧精妙的水墨画,悄无声息地印在了岁月的画卷上。屋檐下的藤草略显凌乱,但也掩饰不住其生命力的旺盛,仿佛在告诉我们:即便是在最贫瘠的土壤中,也自有其独到的韵味。

一家人围坐在一起,脸上的笑容是那么天真无邪,那么发自肺腑。黄昏的天空,是最好的调色盘,抹去了一天的疲惫,留下了平和与满足。我们在这一刻收获的,不仅是粥的温暖,还有家的温馨与人间的情味。

在这宁静而温馨的氛围中,不由得让人沉思:世间最为珍贵的,莫过于亲情的牵绊,友情的挚爱,还有那份不求回报的温暖与关怀。我们不需要奢华的宴席,不需要昂贵的礼物,只要有一颗感恩的心，一份对生活的热爱，一个温暖的家，一碗热粥的陪伴。

在这个瞬息万变的时代，我们也许会迷失在物质与虚荣的诱惑中，我们亦可能被生活的快节奏困扰。但只要回到这个小小的空间，看见那一刻余晖中嬉戏的笑语，那一碗泛着热气的家常粥，心中那份对幸福的向往与珍惜，便会重新点燃。

所以，让我们用心去捕捉生活中的每一道温馨的风景，让我们用爱去感受每一个温暖的瞬间。在一天的收官之际，我们可以对身边的人轻轻地说上一句"粥可温"，那么，不管走到哪里，在内心深处，都有一处最温暖的避风港，那里有爱，有梦，有黄昏后最初的星光。

餐桌旁，家人的谈笑声，是那么自然，不带任何修饰。孩童的嬉戏，长辈的慈眉善目，这一切构成了世间最动人的乐章。看着这幅温馨图景，恍若心灵得到了某种抚慰。人们常常追求高山流水般的壮观，却容易忽略泉水叮咚般的细腻。实则幸福，常在平淡中显现其真切；实则温暖，往往在普通中透露其深情。

我们不断在生活的征途上奔波，去探索着每一个未知的领域。然而，当夜幕降临，繁星点缀天际，回眸间，这家的灯火才是最恒久的灯塔。这幸福的密语，在每个普通的黄昏里，它不张扬，却深入骨髓；它平常，却珍贵无比。在这个快速变幻的世界里，能体会到生活的这份真谛，是一种难得的富足，是心灵的富有。

此情此景，令人深思，在我们忙碌追寻外界成就的同时，不应忘记回头欣赏这些简单的生活片段。这些所谓的琐碎和小事，

闲时立黄昏　笑问粥可温

才是构建我们生命的根基，承载着我们情感的真切和生活的质朴。在这样宁静的夜晚，我们的心灵得以沉淀，心底那份对美好生活的渴望和追求也变得清晰起来。我们开始认识到，真正的生活不是攀比的高度，不是物质的堆砌，而是那一份份真挚的感情，是与家人朋友之间那些看似平淡却又深厚的联系。

在这个喧嚣的世界里，人们忙碌着，为了那些所谓的高远目标和显赫地位。然而，在生活的底色里，多数人的人生其实都是平平淡淡，如清水一般透彻而纯粹。正是这些普通的日子，铸就了最真实而温馨的生活画卷。

闲时立黄昏，天边染上了温柔的暮色。和煦的晚风带走了一天的劳累，天边最后的一抹阳光似乎在轻语，告诉我们又是一个美好的夜晚即将来临。在这样的时刻，站在自家的小窗前，任思绪随微风飘散，心中没有狂喜，亦无悲伤，只有那份恬淡和平静，如同一杯淡淡的白开水，清冽而滋养。

笑问粥可温，是那生活中最朴素的一幕。火炉上的粥，温暖而香浓，它不仅仅是食物，更是家的象征。即便是普通的米粒，在爱的滋润下，也能煮成满满的幸福。挥去一天的忙碌，围坐在餐桌旁，与家人分享这简单的一餐，这样的温情，比起世上所有的奢华与荣耀，更显珍贵。

我们都是这世间的平凡之人，没有宏大的舞台，没有惊天动地的壮举。我们的生活由一些小小的仪式构成：清晨的一杯咖啡，夜晚的一本书，工作中的一声问候，饭后的一段散步。这些简单的点滴积累起来，就是我们一生的全部。

在平凡中看见自己，接受那个普通而真实的自己，才能在人生的路上走得从容不迫。不用羡慕他人的辉煌，也无须嘲笑自己的琐碎。就像那杯温暖的粥，不起眼却让人安心，生活亦是如此。不焦虑未知的未来，不愤恨逝去的过往，只需专注于眼前的每一件小事，用心感受，真切生活。

生命中，总有那么些温情脉脉的时刻，那一抹黄昏下的余晖，那一碗静放桌上、袅袅热气的粥，都是生命最淳朴的呈现。让我们在这闲适的光阴里，一如既往地珍惜生活赐予的每一份平凡，心怀感恩地度过每一分每一秒。因为在这温馨安闲中，我们已找到了属于自己的、最真切的幸福。

看见并悦纳你本来的样子

我们要接受自己本来的样子。但这并不意味着不需要改变，更不意味着你必须停止成长。相反，这意味着我们接受了成长的基础。现在你可以成长，但这种成长不会是一种选择。这种成长将是一种无选择的成长。

在这个世界上，每个人都像一本书，有着自己的故事，每章每节都记录着个人的成长和变化。每个人都有自己的长处，就像夏夜里明亮的星星，照亮自己也照亮他人；每个人也都有短处，那些或许就像云翳中的暗影，让我们感到困惑和不安。认识到自己长处，我们的自信如春藤蔓延，我们享受成就感，享受被赞赏的时刻。但也正是这些长处，有时会蒙蔽双眼，让我们变得自满，忘却了自我提升的动力。

短处，那些我们不愿面对的部分，它们就如同深夜里的噩梦，让我们惴惴不安。然而，每个人都是不完美的雕塑，正是那些瑕疵，塑造了我们独一无二的形象。能够客观看到自己的短处，需要的是一种勇气，一种智慧。它告诉我们需要变得更好的方向，它是我们前行道路上的指南针。

在接受自己的过程中，真正的勇气不仅仅是展示长处给世界看，还包括坦然面对并拥抱自己的缺点。我们学会温柔对待自己的不足，而不是沮丧和逃避。就如同在家中的小花园里，既爱护着那些美丽绽放的花朵，也不忽视那些需要修剪和培育的枝条。只有这样，生活才能继续茁壮成长。

坦然接受自己，不是放弃追求更好的自己，而是在了解和接纳自己的基础上，去爱自己，去提升自己。我们继续翻阅生命的书页，不断修正，不断完善，直至成为更好的自己。我们需要了解：成长是无尽的旅程，而每个人都在自己的路径上努力前行。

让我们勇敢地看着镜中的自己，既欣赏优点，也接受缺点，将它们融入自己的生命故事中。在每一个美好时刻里，我们都能从容面对自己的全貌，微笑着，坦然接受。只有当我们完整地接受自己时，我们才能完全地、无条件地爱自己，同时也更加自由地去爱这个世界。

在这样的自我看见和接纳中，我们学会了宽容。不仅宽容自己的不足，也宽容别人的缺陷。每个人都是独立的个体，都有着自己的闪光点和背阴面。当我们开始以一种全面的而非割裂的视

悦纳真实的自我

角去观察自己的时候,我们同样学会了用这样的视角去看待别人。种种不理解和偏见开始逐渐消融,取而代之的是一份理解和尊重。

我们开始明白,人与人之间的关系并不需求完美,而是需要真诚和真实。当你坦然接受自己的时候,你能够更真诚地面对他人,愿意展示真实的自我,而不是隐藏在一个精心制作的面具之后。这样的我们,能够更容易地找到真正的朋友,那些能够理解我们长处的闪亮,也能宽容接受短处的阴暗的人。

如何定义成长呢?那不仅仅是不断向上攀登的过程,还是不断深入内心、了解自我、完善自我的过程。每一次自我反省,每一次自我认识,每一次自我超越,都是成长的一部分。成长,就是在不断地自我反省、自我认识、自我接纳中,使我们的内在世界变得更加丰富和强大。

我们的人生不会因为缺陷而变得不美好,真正的美好源自我们对生活的态度。生活,不应该只是追逐外在的成就,更是追求内在的修养和满足。学会欣赏生活中的每一个小细节,哪怕是晚风中静坐,抑或是黄昏后散步,这些都是宁静的力量。

看见自己。真正的看见,并不是只停留在表面的认识,而是深入内心的深处,不要欺骗自己。它需要你去剥去一层又一层的外壳,直到触及内在最真实的那部分。这个过程可能是痛苦的,也可能是充满挑战的,因为在这一路上,你不得不面对那些隐藏起来的恐惧、不安、自我怀疑和所有不愿意承认的弱点。

但正是这个过程赋予了我们真正爱自己的力量。只有看清楚自己内心的每一个角落,承认自己的不完美,并且接受它们,我们才能学会如何用一个更健康、更平衡的方式去爱自己。我们不再因为自己的短处而自责，也不再因为自己的失败而恐惧。相反，我们开始将这些经历视为成长的机会，作为提升和自我实现的基础。

爱自己，就是给予自己空间和时间去成长，去探索，去冒险，去体验；就是在失望与希望之间找到平衡，即使在失败的时候也能够给予自己慰藉。同时，爱自己也意味着设立界限，知道何时说"不"，不让外界的压力和期望定义了自己。它还意味着给自己营养和照顾，无论是肉体上的健康，还是心灵上的满足。

当我们真正看见自己，并开始用一种宽容的眼光去看待我们的所有部分时，我们就可以开启一扇门，走向更深层次的自我爱护。这并不是自私（自私的人往往最不懂得爱自己），事实上，只有倾听并满足了自己的需求，我们才能更好地去爱别人，去处理复杂的人际关系，去为这个世界作出积极的贡献。

因此，我们开始以一种新的方式去展现自己，更自信、更真实、更完整。我们的光芒来自内在的力量，不再依赖外界的赞许。我们学会了用我们的全部——无论光明和阴暗——来雕刻个人的故事。我们活在当下，珍视自己的存在，同时也激励着他人去寻找并爱上他们自己的真相。

在生命的旅程中，不断地看见和爱上自己可能是最大的挑战，也是最大的奖赏。而当我们不断地实践这一过程，我们将在生命的每一个阶段发现新的意义和喜悦，这将是我们与自己和解的见证。让自爱成为你生活的一部分，愿你在允许自己成为你真正的自己时，发现真正的快乐和满足。

进行这场内心之旅，我们可能会遇到许多反思的瞬间和自我发现的奇迹。这个过程不单是修补，更是重新塑造自我认识的过程。当我们持续地探索并理解自己的动机和愿望、恐惧和焦虑时，我们开始建立起一个坚实的自我基础，这个基础不依赖于他人对我们的观点或评价，而是依赖于我们对自己的深刻洞察。

我们能够看到自己的多样性，了解到在不同角色和情境下自己的表现。我们也能明白自己如何在生活的风波中保持稳定，以及在压力之下我们的反应方式。这个自我看见的过程给予我们力量，使我们能够更好地控制自己的行为，而不是让情绪主导我们的反应。

在认识到自己的多维度之后，我们开始拥抱自己的全部，包括我们的优点和缺点。我们学会了自我肯定，对自己说"我值得""我足够好""我就是我，不一样的烟火"，并且真正地相信这些话。我们也更容易原谅自己的错误，理解这些错误是成长中不可避免的部分，它们提供了宝贵的经验。

同时，我们也逐渐学会释放那些无意义的自我限制，那些框定了我们思想和梦想的牢笼。我们鼓励自己冒险去尝试新事物，去梦想那些以前我们认为不可能的事情。我们变得更加乐观和勇敢，不再害怕失败，因为我们明白，每一次跌倒都是我们获取新智慧的机会。

我们也开始投入建立有意义的人际关系中，知道如何去爱和关心他人，同时设置健康的边界来保护自己。我们会发现，随着自我认知的提高，我们与人交往的方式也开始转变，变得更稳固、更真诚。

认识自己是一个螺旋上升的旅程。每一天，我们都有机会更深入地了解我们是谁，以及我们想要成为什么样的人。即使我们终其一生也不可能完全认识自己，每一天的自我探索都是我们与内心世界融合的机会。通过看见自己、爱自己，我们打开了一道通往和谐、幸福生活的门，这扇门带领我们走向更加深刻的自我理解，最终引领我们走向富有目标和意义的人生。让我们勇敢地走在这个旅程上，不断发现、珍视、扩展真正的自我。

那些虚度的时光才是你自己的

以前，非常不理解福建的工夫茶，杯子非常小，坐在那里喝几个小时的茶。我一直觉得这是浪费生命。人到中年，才恍然大悟：只有你虚度并快乐的时光才是你自己的。你上班，时间贩卖给了老板；你辅导功课，时间赠送给了孩子；你照顾父母，时间回馈了父母。你拿什么时间给自己呢？人生短短三万多天，有多少时间是真正属于你自己的呢？开始分一些时间给自己吧，可以坐在家里喝喝工夫茶，可以去湖边散散步，甚至什么都不干，就坐在公园里发发呆，看看往来的人群，看看花谢花开。

在纷扰不息的日常中，我们如同春日里忙碌采蜜的蜜蜂，无时无刻不在为了生活的琐事喧嚣而奔波。有时，我们甚至会忘记了生命的真意，直到那一刻，我们静坐下来，捧一杯雅致的工夫茶，时光仿佛从指尖悠悠滑过，我们才明白，原来，那些被"虚度"的时光，才是真正属于自己的。

细腻的茶杯轻放于精心雕琢的茶盘上，茶香在轻烟袅袅中缓缓升腾，温热的水温透过杯壁传递给双手，是一种仅属于自己的温柔。我们坐在湖边，看着窗外的天色渐变，茶水由绿转黄，心境也随着湿润的茶叶慢慢展开。这不是浪费，而是对生命深厚的喜爱和对宁静时刻的尊重。在这里，时间不再以快节奏自我主张，而是成了一种匠心独运的艺术，拥有了停留和凝视生活美好的权利。

抬头望向湖水，轻风摆动着芦苇，水波不兴，一群群小鸭游弋其间，偶然起，偶然息，心随着它们的律动而和缓。在这样的闲暇时光里，我们才能听见内心深处稳定而平缓的声音，告诉我们，生活，并不仅仅关乎收获和拥有，它更关乎体验与感悟。

看着匆匆往来的人群，孩子们的欢笑，老人们的谈天，青春的脚步不经意间刻画出岁月的印记。而我们，只是静静地坐着，不言不语，不为何事而烦恼，只为自己的心灵留下几许适可而止的空白。在这些看似虚度的时刻里，生活的意义悄然在我们心田中开至盛放。

花开花谢，四季更替，自然界的每一次轮回都在告诉我们，放慢脚步，感受现在。让我们把时间还给自己，找回那份最初始的宁静与纯净，让生命在"虚度"中获得重生，在悠长悠长的时光长河里，找到属于自己的那一片沙滩，那一段故事。

人生三万多天不过弹指一挥间，让我们开始分一些时间给自己吧。就如同那一杯工夫茶，从炮制到品饮，每一步都是一场与自己灵魂的对话。它不仅是一种生活的态度，更是一种至深的智慧与修养。在这无声的流转中，时间不再是物质世界的追逐，而是灵魂深处的自由呼吸。

所以，让我们在不经意间虚度时光，享受那份真正属于自己的平静与自在，因为，唯有这被虚度的时间，才是我们生命本质和人生情趣的结晶。在这简单的享受中，我们的心灵得以休整，生命得以完整。让虚度的时间成为我们的私人庇护所，在那里，我们能够安然地做自己。我们继续细赏每一颗沙粒，每一朵浮云，每一声虫鸣。一壶好茶，可以品尝岁月的滋味；一本好书，可以通往另一个世界；一段独处的时间，可以是一次灵魂的对话。在这些片刻里，我们不是生活的奴隶，而是生命的主宰者。

我们为自己的忙碌寻找意义，不仅因为它们确保了物质生活的稳定，更因为它们孕育了对安静时光的渴望。而这份渴望让每一次"虚度"的时光变得如此珍贵。那些为了工作而操劳的时分，那些为了家人而付出的岁月，它们构筑了我们的责任和爱，但我们同样需要保留一片属于自己的天空。在这个天空下，我们可以是任何人，可以做任何事，可以有任何想法。在这里没有评判，没有束缚，有的只是无尽的宽容与理解。那些被视作浪费的闲暇，实际上是对内在世界的投资，它们使我们成熟，使我们丰盈，使我们明白，幸福和平和往往来自内心的深处，而非外界的喧嚣。

人生本是一场盛大的旅程，我们捧着时间的酒杯，品一口茶的清香，吟唱一首岁月的长诗。让我们珍惜每一个被"虚度"且无所事事的时刻,因为正是这些时刻塑造了我们的回忆,润泽了我们的灵魂,并最终构成了我们的人生。在生命的舞台上,每一个"虚度"的瞬间都是一场演出,我们是唯一的观众,也是唯一的演员。

我们微笑着拥抱生活,拥抱自己"虚度"的每一个今天和未来,因为,这正是我们最真实的存在方式。让"虚度"的时光继续流淌,在岁月的长河中,沉淀出最真实的自己。在这份宁静与悠长中,我们才能听到自己内心的声音,找到属于自己的生活节奏,并在充满变数的人生里,演绎出最美丽的乐章。

此时此刻,我们感受到了自由之美,那种不受外界干扰的内在平和。我们散步在夕阳的余晖中,任凉风拂面,沁人心脾。天边残阳如血,悄然让人思索着日落黄昏的意境。每一步都踏出了对生命的热爱,每一息都吐纳了对存在的感恩。

在这份宁静致远中,我们学会了放缓自己的步伐,开始聆听那些往常被忽略的声音:树叶与风的窃窃私语,小溪水清澈的歌唱,花间蜜蜂辛勤的舞动。这些细微之处仿佛都在向我们诉说,生活的美好往往藏在不经意间。

而在这些仿若虚度的时刻,我们的感知变得更加敏锐,我们的思想也变得更加深邃。我们仿佛可以触摸到自己灵魂的深处,与内心的自我对话,发现那些隐藏在日常喧嚣下的真实情感和深层思考。

这样的时光,它不闪烁着金银的光辉,它没有奢侈的包装,它仅仅是纯粹的、透明的,是对生活本真面目的探求和理解,是

那些虚度的时光才是你自己的

一场远离物质追求的旅途，是一次心灵的净化和升华。

在这场旅途中，有笑有泪，有得有失，有喜有忧。但每一个情感的经历，每一次心灵的触动，都将成为我们人生道路上不可磨灭的痕迹。它们甜蜜而苦涩，它们痛苦而欢愉，构成了生命这幅复杂而又多彩的画卷。

因而，让我们不顾世俗的眼光，勇敢践行那份由内而外的宁静。在"虚度"的时光中锤丹炼心，以静制动，以简驭繁。哪怕只是一束午后慵懒的阳光，一片秋日飘落的落叶，也能让我们的心灵得到触动，感受到宇宙万物不言而喻的哲理。

生命不可能永恒，但我们的精神可以。它可以穿越时间的长河，超越生死的界限。在我们"虚度"的时间中，我们沉淀思想，丰富情感，延展精神的深度和广度。即使岁月蹉跎，我们也能优雅地享受每一段旅程，因为我们知晓在这些静默奔波中，我们寻找并定义了生命的意义。

所以，请不要惧怕那些看似无用的所谓"虚度"时光，它们是我们拥有的最宝贵的财富。在这无声的岁月里，我们将和时间一起曼舞，把握现在，铸就永恒。这样的生活，这样的虚度，不仅属于我们自己，也将成为那无价的时光印记，在我们历经风霜后可回味无穷。

在这趟旅程中，我们必须认识到"虚度"并非真的无所作为。它是一种充实的虚无，是一种丰盛的空白。在这些时刻里，我们不再被外界的噪声淹没，不再追逐虚妄的地位与财富，而是回归自我，沉浸在内心的平静和自我反思中。

"虚度"的时间给了我们机会，去回望过往，去审视当下，甚至去憧憬未来。在这样的时光里，我们将不再拘泥于单一的角色或社会赋予的标签，我们将重新发现自我，认识到自己不只是某个公司的员工、某个家庭的成员，我们首先是一个独立的思考者、一个情感丰富的个体、一个拥有无限潜能的人。

在"虚度"的时光里，我们可以在沉思中种下智慧的种子，在宁静中培育耐性的花朵，在倾听中探索共情的海洋。这样的时光允许我们摆脱日常生活的枷锁，给了我们展翅飞翔的自由，并随着思想的翱翔勾勒出一片属于自己的蓝天。

随着岁月流转，这些"虚度"的时光愈加弥足珍贵，它们是生命中不可多得的宝石，闪烁着个人成长与心灵淬炼的光芒。无论是孤独地凝望星空，沉醉在音乐的旋律中，还是笔耕不辍于洞察世界的角落，这些都是我们心灵之旅的重要站点。

我们的生活并不需要总是满满当当的。有时候，那些留白，那些空白，正是我们需要的。它们为我们的生活带来呼吸的空间，让我们得以整理思绪，整顿心情，重拾平衡。在那些被"虚度"的时间中，我们实际上是在与世界的无常对抗，是在寻找永恒中的稳固点。

因此，当世界告诉你要不停奔跑，不要停留，记得你有权利按下生活的暂停键。这片刻的暂停，可能就是振翅高飞的起点。当外界的声音变得喧哗，记得转身走向内心的安静角落，在那里，你会听见自己心跳的节奏，感受到真实的自己。

未来，让我们继续前行，在宁静中聆听生命的呢喃，在简单中领悟存在的意义，在"虚度"的时光中绘制出七彩的人生画卷。在这个进程中，我们将看到自己逐渐变得更加完整，成为不受时间束缚的灵魂舞者。我们的生活，无论是现在还是在遥远的未来，都将因为我们曾经"虚度"的每一刻而变得更加丰富多彩。

生活要有仪式感

生活，就像一首长篇交响乐，有着宏伟的起步、跌宕的进行和舒缓的间奏。其中，节日就是那些令人期待的重拍，提醒着我们在匆忙的脚步中停下来，感受生命的韵律，享受精神的盛宴。生活需要仪式感，它是心灵归宿的灯塔，也是情感连接的桥梁。生活需要仪式感，在时间的长河中，留下灵魂的印记。

春风十里，何不共赏桃花盛开的娇艳；雪夜共酌，何不团圆饮一杯传递暖意的香茶。当我们在春节的爆竹声中许下新年的愿望，当我们在圣诞树下互赠礼物，这些节日的仪式感让我们不再被生活的无穷匆忙奴役，而是沉浸于这段时光中，回首过去，展望未来。

仪式感，给予我们超越日常平凡的力量。就如同叶子中的脉络，虽细小却生生不息，支撑着树木的繁盛；它像是孩子目光中的星光，虽微弱却执拗地闪烁，照亮着生活的路途。每个仪式都是一座时间的里程碑，站在那里，我们可以听到从远古传来的回声，感受到与前人同样的喜悦与憧憬。

在过年的饺子香中，我们寻觅着家的味道，在圣诞节的钟声中，我们感受到岁月的温度。是的，我们需要这些节日中的仪式感，它们是为了告别一种旧的生活状态，迎接一个新的生活阶段。每一次的庆典，都是对生活新篇章的期待，每一个节日的仪式，都是对过往时光的礼赞。它们鼓励我们去创造，去享受每一个非凡的瞬间；它们激励我们去珍惜，去铭记每一段平凡的岁月。当我们生活的篇章不断翻动时，这些仪式感串联起的点点滴滴，形成了一道道亮丽的风景线，装点着我们的人生旅程。

生命如同一条蜿蜒向前的河流，仪式感如同河岸上的那一棵棵标志树。我们沿着河流徐徐前行，那些标志树提示我们，生活不只是连续的流淌，也是周期性的积累与欢庆。

仪式感不仅仅是对节日的纪念，也是对日常生活中美好瞬间的尊重。在忙碌的都市生活中，也许是某个下午的一杯咖啡，也许是某个清晨的一束阳光，抑或是每天固定的一段阅读时间，这些都是我们给予自己的小小仪式，它们平凡而又不失美好。

仪式感让我们在匆忙的世界里构筑一座避风的港湾，感受生活的节奏。就像莫扎特的小夜曲中那优美柔和且富有斗志的旋律，让我们在纷繁之中，寻得一份宁静。它告诉我们，不管外面的世界怎样繁华喧嚣，我们的内心都可以拥有一处宁静的角落。

生活要有仪式感

仪式感使得我们的生活不再是单调的线条,而是一幅由过往和未来绘成的丰富多彩的画卷。从春到冬,从晨到夜,我们在过去的故事和未来的梦想间穿行,喜悦和感恩沿途芳草碧连天。我们或许会找到一个全新的自己,一个沐浴在仪式感中更加真实、更加完整的自己。

在仪式感的点缀下,平淡无奇的每一天都被赋予了独特的气息和生命力,每一次庆祝都让我们对生活有了更深的理解和感悟。生活,正是在传统与创新构建的仪式感中,流转着它的韵律,散发着它的光芒,让我们在岁月的长河中,始终保持一份对生活的热爱和敬畏,对生命的珍视和感恩。

仪式感的重要性,在于它是一种"看见"——它让我们在快节奏的生活中减速,用心观察和感受生活的细节,把握那些稍纵即逝的美好。就像晨曦的第一缕阳光,它刺破了夜色,让一切变得清晰可见。仪式感,它让我们在日常生活的平凡动作之中,感知存在的意义与价值。

在仪式感的引领下,我们学会了关注。犹如在春节挂灯笼,每一个提梁、每一把红纸,都让我们回味家的温暖。仪式感是一把钥匙,它打开了发现生活中美的大门。当我们在生日点燃蜡烛、在周年纪念日开一瓶红酒,我们通过这些仪式动作来确认自己的成长,庆祝两个人之间的默契与深刻。生活中的仪式让我们体验到时间的厚重感,让我们的感知变得更为敏锐和细腻,为生活增添了一抹不容忽视的色彩。

正是因为仪式感,我们能够停下来,看见季节的转换,看见植物的生长，看见爱人脸上的每一条细微的笑纹。我们开始回味上年今日的自己，开始期待明年今时的改变。从每年特定的日子，到每天的日常仪式，我们通过仪式感与生活建立起了不断对话的桥梁。

生活中的仪式感，也是一种学习与成长的过程。它让我们在重复的行为中，找到了稳定心态的方法，学会了如何传承文化、尊重传统，并在这个基础上创造个人的生活哲学。它让我们在点滴中积累经验，在实践中濡养心性，成为更好的自己。

仪式感通过一种唯美的形式，保持了我们与生活的紧密联系。在这个看似平凡而实则充满意义的过程中，我们感悟到了责任、友情、爱情、亲情以及生命的无数精彩。它是生活中不可或缺的诗，是我们在波澜壮阔的生命大海中，找到航向的灯塔，引领我们走向更丰富、更有深度的生活体验。

总之，仪式感的意义至关重要，它不仅让我们的生活更有情感的厚度和文化的深度，也让我们在纷繁复杂的世界中，看见了真实、美好、独特的自己。而在这种看见中，我们也学会了珍惜。因为仪式的存在，我们不再是机械地度过每一天，而是学会了珍视时间的每一刻。家庭聚餐、朋友聚会，甚至是一个人的静思时光，每一个仪式化的瞬间都是我们与时间缔结的契约，提醒我们珍惜共处的时光。

更深层次地，看见让我们反思生活的意图和动机。在每一次仪式的准备过程中，我们重新审视自己的内心。我们是否对某件事还充满热情？我们是否还坚守初心？仪式感有时是一种检验，让我们能够问心无愧地接受自己的选择和行为。

仪式感也帮助我们建立对生活的积极态度。当我们为即将到来的一天准备时，早晨的仪式可以帮助我们以积极的心态开启新的一天。同样，晚上的放松仪式有助于我们缓解一天的压力，准备好迎接舒适的休息。这些都是仪式感给予我们的礼物，帮助我们更好地理解生活的节奏，更好地与之和谐共处。

仪式感赋予了我们的生活它应有的重量和深度，促使我们在繁忙与喧嚣的生活中找到静谧与平衡的空间。让我们眼界开阔，感受生活的每一次跳动，品味生命的每一次呼吸。因此，仪式感不仅是看见，更是一种生活的艺术，一种对生命深深的爱与敬畏。

不评判的智慧

在这个五彩斑斓的世界中，每个人都犹如一颗颗独立且独特的星辰，闪耀着各自的光芒。我们的光芒有时交织，有时远离，如此形成了一个错综复杂的社会星系。每个人的出身家庭、教育背景、生活环境，甚至每一次微小的选择都可能影响其价值观的形成。在这样一个万象纷呈的舞台上，不同的价值判断如星辰般璀璨且多样。

有时，在熙熙攘攘的人流中，我们难免会遇见一些令我们感到不舒适的人和事。这些人和事像是扰乱我们内心宁静的杂乱乐章，我们可能会本能地想要逃避甚至指责。然而，我们每个人的视野终究有限，我们所站的位置决定了我们所能看到的风景。每个人都背负着不为人知的历史，都有着仅属于自己的故事和心酸。

因此，对于那些我们不理解甚至不认可的人们，保持一种优雅的疏离，可能才是相互间最大的尊重和慈悲。

在日复一日的生活中，试图保持客观和清醒是一种对自我的负责，也是对他人的尊敬。不持有先入为主的判断，不轻易下定论，我们每个人都值得为自己的内心静下来，倾听那些别样的声音。生活中总有许多事情是我们无法控制或理解的，但这并不意味着我们需要借助批评或者评判来强化自己的立场。相反，保持一种宽容的态度不仅可以为他人留出成长与自省的空间，也为自己留下了宽恕与成长的余地。

正是这种能够看见而不评判、不介入的智慧，使得我们成为一个更为圆融的存在。就像一滴水珠在沉静的池塘中激起涟漪，但终将平静下来，我们在他人生命中的角色或许也应如此。我们可以是一片树叶，轻轻触碰，然后飘走；我们可以是一缕微风，轻拂而过，然后消散。在不影响别人的前提下，保持适当的距离，这样的看见，越发彰显着一种慈悲之美。

世间万物，各自有其存在之理。尊重并接受这样的多样性，不仅仅是对外界的宽容，更是对自己内心的超越。在人生的长河中，我们将会滔滔不绝地遇见种种人与事，无须刻意抵制，也无须刻意追随。保持一份优雅的距离，像海浪退却后留在沙滩上的泡沫，既有轻微的接触也没有不可逆的介入，给予每个人足够的空间去成为他们自己的同时，也让自己的生活更加自由、更富哲思。

这份优雅的距离并非冷漠，而是一种明白每个人都在不同的道路上行走着，我们的轨迹有交集也有分歧，明白了这一点，就可以更加宽容地看待周遭世界的多元与差异。就像一架深邃的显微镜，它能够透过表面的迷雾，洞悉事物隐藏的本质。

当我们不再试图征服或改变他人，而是学会从他人的视角来观察这个世界，我们的心境也将随之得到升华。那些曾经让我们觉得烦恼的人和事，可能就会在这种理解与接纳中逐渐失去它们的棱角，变得不那么刺目。这种能力让我们能够接受并欣赏每个独立个体所展现出的独有特色，而不是刻板地强加我们自己的标准和期望。

生活中，我们会遇到形形色色的人。这些人有的教会我们爱，有的教会我们忍耐，有的教会我们放手。而每一次的遇见，不管是愉悦还是挑战，都是自我成长的机会。我们可以选择用一种平和的目光去审视自我与他人，尝试理解他人行为背后的动机和情境，这样的理解能帮助我们减少冲突，增进和谐，并且能让我们在深刻的人生体验中找到成长的动力。

选择不评判，不只是对他人的慈悲，更是对自己的慈悲。因为评判别人事实上是一种心理负担，它需要我们在心理上投入能量，去维持一个关于"我是对的，你是错的"的立场。当我们放下这种负担，我们的心将得到自由。这样的自由会像春天的阳光一样温暖我们，让我们能够能更真诚、更轻松地面对世界。

生活是一种丰富多彩的体验，它不应只有单一的色彩或者单一的节奏。通过看见而不评判，我们学会了以一种更加开阔的视野和更广阔的心胸去拥抱这个世界的万千面相。我们自己也会不断成长，慢慢变成一个能够以平和悲悯之心去看见世界的人，从而承载着更深的生命意义与内在宁静。

看见而不评判，我们就像是宁静的湖面，允许每一片树叶轻盈落下，泛起层层涟漪，最终归于静谧。这般心静如水的状态，是对生命的敬畏，也是对存在的礼赞。当我们不再执着于自己的观点，放宽心胸去接纳不同，那些曾引发排斥感的行为和个性，有可能逐渐转变为对生命复杂性的赞叹和对多样性之美的欣赏。

而这一切，始于一个简单却又不容易的选择：在喧嚣纷扰的世界中看见不同，却不急于下定义，不急于划分界限，只是纯粹地、静谧地体会这个多姿多彩的世界。在这个充满奥秘的旅程中，我们每个人都可以成为既是探险者又是诗人的存在，用心看见世界，同时能在这看见的过程中发现自我，完善自我，最终达到与世界和谐共生的人生境界。

随着这种心灵的成长，我们更加愿意去探究，去理解，去同情。我们开始意识到，每一次人与人之间的交流都是宝贵的，因为它们为我们提供了学习和成长的机会。无论是对话、合作，还是面对冲突和挑战，每一次相遇都能够提供给我们一面镜子，映照出自我内在的光与暗，激励我们向着更高的自我迈进。

这个过程中充满了自我发掘与自我超越。我们学会了宽容和谅解，学会放下那些过去的失败和怨恨。每个人心中的伤痕都有自己的故事，而这些故事在"看见"不评判的态度下，能被转化为成长的力量。我们的心灵得到净化，我们的人生因此变得更加平和充实。

在这样一个宽容的世界观下,我们每天醒来,都能以一种全新的眼光面对这个世界。我们不再仅仅被动地接受生活带给我们的一切,而是积极地创造属于我们自己的生活经历。在别人看来或许普通的行为举止,在我们看来却是生命中重要的篇章。我们通过对生活的深刻体验和理解,无论面对快乐或者挑战,都能从中找到积极的意义。

最终,看见而不评判赋予了我们一种能力:在任何情况下,都能保持内心的平静和清明,都能把握每一次生命的体验,都能不断成为一个更加完整的自己。当我们可以如此与世界相处,我们自然会吸引那些有着相同频率的人,与他们一道创造和谐的人际关系和富有意义的生活。

演好人生大剧

看见，也不是什么神圣、虚无的东西。看见是一种技能，它和打乒乓球、弹钢琴、扔铅球本质上没有什么不同，都需要加强练习，才能做得更好。而一旦掌握了这项技能，它真的可以让你的生活发生翻天覆地的变化，你眼中的世界变了，你内心的感觉更丰盈，你的时间像被拉长了，你的生命更加充实，你终于可以过上不那么"囫囵吞枣"的日子。

建议找一个轻松的周末，你需要"拍摄"一个剧目：某某幸福生活的一天，而你同时担任编剧、导演和主角。要点是，你要做一个目击者、观察者，时刻保持超然。

下面是我"拍摄"的作品：暖花幸福生活的一天。

周六，阳光透过窗帘温柔叩响了梦境的门，我悠慢地睁开眼睛，展现出一种觉醒的宁静，脸上展开了今天的第一个微笑，开始保持看见的一天。我坐起静坐片刻，拥抱新的一天，并且以深深的呼吸连接自己的身体和心灵。

起床洗漱，用手轻轻掬一捧清水，缓缓洒在脸部，感受水珠沿着颧骨滑落，捕捉那肌肤与水液的交融，用指尖轻触着脸部，每一个细致的动作都透露出一丝与世隔绝的专注。挤出洗面奶，看见它的质地、颜色，打出丰富的泡沫，动作轻柔而有节奏，均匀地在脸上打圈轻抚，呵护每一寸肌肤，眼神专注，好似沉思着每个毛孔的呼吸，看见并享受这个过程，每个动作都充满了对自己容貌的善待和敬意。

洗漱完毕，开始准备早餐。我看见刀上闪烁的光芒，感受食材在指尖交融的触感。我细心地将新鲜的食材处理成一道道美味的早餐，满足味蕾的同时也满足内心的舒适。请看见自己的每一个动作：每切一刀、每搅拌一下，慢慢向自己展示早餐准备的全过程：切水果、煎鸡蛋、烤面包，所有动作仿佛一门艺术，而我正带着对家人的爱享受着这份创造的过程。食物摆上餐桌，主食是鸡蛋培根三明治，配上牛奶、咖啡和水果，一顿简单家常的早餐。坐下细心品味每一口食物，切勿狼吞虎咽、心事重重，认真地看着食物，感受着食物的味道，感激自己可以和家人共享这个时刻，保持看见，看见早餐、看见家人，看见内心深处的平静与安宁。

吃完早餐，一家人到公园去散步。与孩子们一起观察落叶，聆听鸟鸣，呼吸草地散发出的自然之气。累了就坐在长椅上闭目养神,彻底地沉浸在自然的声音和气味中。

下午,我在网球场上挥动球拍,感受运动带来的舒畅和自由。我目视着球的飞行轨迹,灵活地调整姿势和力度,与伙伴们一同享受竞技的乐趣。每一个击球,都是我对生活的勇敢挥洒;每一次击中,都是对自我的肯定和成长。

晚上,我坐在安静的角落,沉浸在书香的世界。我看见字里行间的智慧和感受,让我的心灵得到滋养。我与书中的人物对话,与他们一同思考生命的意义与价值。

当夜幕降临,我躺在温暖的被窝中。我看见自己的呼吸渐渐放缓,感受身体的放松和安宁,逐渐将意识投向自己的身体。从脚趾开始,轻轻感知那一丝温暖,向上,至脚踝、小腿、膝盖,给予每寸肌肤深深的关注。每前进一步,都道一声感谢与晚安,向辛劳一日的自己致敬。

继续让这份感激之情蔓延,穿过大腿、臀部,一直到腰间,每一块肌肉、每一根纤维,都在这宁静的夜晚得到了它应有的休憩。呼吸更加柔和,恭敬地向所有细胞道一声辛苦了,晚安。

随着意识上升至腹部、胸膛,到达跳动着生命之音的心脏,向内深深地拜访自己的灵魂之源。每一次心跳都是对生活无声的感激,每一次呼吸都是对存在致敬的颂歌。感谢这不停劳作的心脏和肺腑,它们承载了我们无数的欢喜与哀愁,如今,请它们与你一同进入宁静的梦乡。

最后,意识缓缓上升至肩膀、颈部,细致地触碰每一个脉络,慢慢移至脸颊、耳鬓、额头,直至头顶。在这一刻,向自己头顶的每一缕发丝，轻声道出晚安的祝福。正如温柔的夜风轻拂过每一株稻穗，感谢它们一天的风雨兼程，现在，是时候放下重负，静享休憩时刻了。

如此这般，与自己和睦相处，向全身的每一部分致以最诚挚的感激与最温柔的晚安。在相互感谢与祝福中，释放一天累积的疲惫与压力，温暖地、平和地迎接着一个美好安宁的夜晚。

在这一天，我执着地看见每一个细节、每一种感受，用心感受每一个瞬间的丰盈和意义。只有保持临在的状态，才能真正欣赏生活的美好和深度。这样悠长的一天，让我意识到看见是一种技能，需要加强练习，才能做得更好。它需要我们懂得观察、倾听，以及放开批判的眼光，去欣赏事物的内在美丽。

通过这样的实践，我发现看见真的可以改变生活，让我重新认识自己和周围的世界，让我充满感激和爱心，让我更加充实和满足，让我更加珍惜时间和每一个人。

选择去看见，意味着我们愿意放下过去的批判和成见，愿意接纳和尊重事物的多样性。我学会了停下来，静心聆听他人的声音和故事，用理解和关怀来构建友善和谐的人际关系。我开始重视每一个平凡的瞬间，无论是一次和亲人共进早餐的时刻，还是在公园静静散步时感受大自然的美妙。我用心观察食物的形状和色彩，品味其中的鲜美和滋味。我留意孩子们的笑容和眼神，在他们的世界中找到纯真和喜悦。

通过持续的实践和培养，看见已经成为我生活中的一部分，是我与世界相连接和与自己对话的纽带。它不仅让我更加喜悦和满足，也让我拥有更深刻的人生体验和成长。

我邀请每个人都去努力培养和实践"看见"的能力，用心去观察和感悟，创造更美好、更富有意义的生活。因为每个人的生命都是独特而珍贵的，而在看见中，我们才能更好地发现和释放自己的无限潜能，创造属于自己的精彩旅程。

如果实践这个方法，你的一生将成为一场漫长的戏剧。刚开始很难，因为你的心神总是游走，没关系，拉回来继续保持。随着练习的增加，你将会更加娴熟。你仿佛是一场人生大剧的主角，一个扮演角色的演员。记住它是戏剧，保持看见。你的一生就好像没有发生在你身上，就像发生在别人身上一样。

第四章

看见情绪

当一束光线进入棱镜时,它被分解成七种颜色。头脑就像一个棱镜,现实中的事件进入,被分解成七情六欲。

生活中，我们会遇到各种各样的奇葩事件，让我们内心涌起各种各样的情绪，或喜悦，或悲伤，或宽慰，或焦虑，或关怀，或烦躁，或嬉戏，或愤怒，或好奇，或恐惧。如果我们沉浸在情绪中而不自知，极易被情绪裹挟，产生我们难以承受的苦果，可能在一瞬间摧毁我们原本的幸福生活，悔之莫及。我们要尝试换一种有利的角度去看见这些情绪，既不留恋好的，也不逃避坏的，让自己的注意力像舞台聚光灯一般照射它们、观察它们、体验它们。以旁观者的心态不卑不亢地看见负面情绪，它们就会失去对你的控制。令人讨厌的感觉并没有消失，但你也可以做到不悲不喜。

收集幸福的小珍珠

　　生活是波光粼粼的海洋，每一滴水珠都是时间的低语，而那些令人心动的瞬间则如同散落在细沙之中的小珍珠，等待着我们去发现和捡拾。它们可能并不夺目，却是心灵深处的宝藏，每当遇到生活中的小喜悦、小幸福，都要细心地收集并珍藏起来，就像收集幸福的小珍珠。

　　每个清晨的第一缕阳光，透过窗帘的缝隙，温柔地唤醒沉睡的梦想，这是一天之中的第一颗珍珠。它告诉我们新的一天已经到来，无论昨夜多么漫长或寂寞，阳光总是如期而至，拂去心头的阴霾，带来希望和力量。

　　当我们匆忙赶往日常的喧嚣之中，却被路边那朵不经意绽放的小花打动，看到它在都市的繁忙中，如此安静而坚韧地生长。

它便是另一颗值得收藏的小珍珠，提醒我们即使在枯燥的日常里，也能找到生命的美好和自然的恩赐。

朋友间一句真诚的问候，家人眼中温暖的闪光，孩子天真烂漫的笑声，都是生命中的小小幸福，它们珍贵，且如此纯粹。我们应当将这些动人的片刻，一颗接一颗地串联起来，打造成一串幸福项链，佩戴在胸前，让它们在我们的印记里散发着永恒的光芒。

一顿由家人亲手烹制的晚餐，一段轻松愉悦的午后时光，甚至是自己在工作中取得的一个小成就，都是独特的幸福小珍珠。在生活的大海中，我们要学会用心去感悟每一颗小珍珠的温度，去欣赏它们独特的光泽，去珍视它们带给我们的丰富和多彩。

幸福往往不在于大事的成就，而在于生活细节中对美好的捕捉和感知。生活的艺术在于用心去收集那些幸福的小珍珠，将它们拾起，串联成一条条璀璨的幸福项链，治愈生活的阴郁。当我们的生命走向暮年，回望过往的岁月，便会发现这些小小的幸福点滴，汇聚成了人生中最耀眼的光辉。

看见幸福，收集幸福，储存幸福，你就会更幸福。

突然有一天，你见到了很多很多年都没有见过的朋友。一种突如其来的喜悦和兴奋感抓住了你，你好开心啊。人到中年，每一次与老友的久别重逢都是一场青春回忆盛宴。我们的心中会自然而然地涌现出一阵阵的喜悦浪潮，就如春风拂过静谧的湖面，带动起一圈圈涟漪。那份喜悦，是无可比拟的温暖。

通常，我们会把全部的精力和注意力放在朋友的身上，以为那

串起幸福的珍珠项链

份喜悦全然来自对方。让我们稍微转变一下视角，将注意力内聚，将目光稍微向内投射，沐浴在自己感受到的喜悦中。就在这一瞬间，感受变得如此纯粹而强烈，我们仿佛成了喜悦本身，洋溢着无穷的生命力和光亮。

让朋友的形象虚化在周边，模糊在边缘，你的内心却是清晰可见的幸福感。它宛若初升的朝阳，光辉洒满整片天际，同时也点亮了心头。在这样的状态下，你的幸福不再是被动接受，而是主动创造和体验。你不仅见证了幸福，也让这股力量无限扩散，变得更加深邃和持久。

这是内心世界的一次升华。我们在其中体会到，真正的幸福并不是由外部因素决定，而是由我们的内在能量驱动和创造。当你看见幸福，你不仅仅看见了一种情绪的反应，更是找到了一种深层次能量转化机制。

在你遇到任何激发你幸福喜悦情绪的场景时，试着将注意力内聚，将目光稍微向内投射。太阳正在冉冉升起，突然间你感到一股能量从你的内在升起，然后忘记太阳，让它留在外围、边缘。你专注于自己能量上升的感觉。你感受能量的那一刻，它就会蔓延开来，变成你的整个身体，你的整个存在。你不只是它的观察者，你要融入其中。以你的感受为中心，不要以带给你感受的对象为中心。

每当有喜乐时，你总会觉得它是从外面来的。你遇到了一个朋友，当然，快乐似乎来自你的朋友，来自见到他这件事。但实际情况远非如此简单，喜悦永远在你心中，它以能量形式储存在你的源头。朋友到访只是将它激发出来，帮助你看见它在那里。

对象只是帮助你表达隐藏在你内在的真实情况。无论发生什么，都在发生在你的身上。你是中心，能量一直都在。只是与朋友会面这件事把你内在的能量激发了出来。当这种情况发生时，保持以内在感受为中心，不要以对象为中心，然后你就会发现"看见幸福，你就会更幸福"这句话是一种智慧，一种能力，一种将内在的幸福感与生活每一刻无缝连接的方式。我们学会了以内在的喜悦为核心，以自我的感受为中心，此刻，从内心涌出的幸福将如同泉水一般，清澈甘甜，源源不断地流向生活的每一个角落。在全新的光辉中，我们看见了最纯粹的幸福，也变得更加幸福。

从"包"治百病看清你的欲望

包,这个物件对于女性而言具有无法言语的魔力。几乎每个年龄段和不同购买力水平的女性都愿意出手阔绰地为一只包买单。女性不一定舍得花一个月薪水买一件衣服,但愿意花等量的钱买一只包的小仙女一定比比皆是。

这世界上,包是真多啊!不同材质、不同款式、不同容量、不同颜色、不同背法、不同用途的包,匹配了女性在不同情景下追求的感觉,爬山、赶海、买菜、看展,都需要背上不同的包,而对包的选择完全要看心境、看心情。

就像世界上不存在两片完全一样的树叶,在女性眼里,世界上也不存在两个完全一样的包。这时候,男人的心态是崩溃的。"我记得你有个一样的包,为什么又买一个?"

对于女性而言，无限的买包欲望和有限的金钱资源之间出现了不可调和的矛盾。你是否有过这样的经历：最近看上了一款包，魂牵梦萦，在什么场合下用都已经想好了，但是这个包有点小贵，而且自己家里好像也有类似款。买？先不买？买了吧？再等等？几个小人在脑海里反复打架。

让我们把时间拨回到 200 万年前，坐标东非的一处雨林边缘，一条清澈的河流蜿蜒流过。清晨，第一缕阳光洒在这片面朝河流、背靠雨林的远古时期人类祖先聚居地，氤氲的生活气息慢慢升腾起来。男人们正拿起弓箭，或背起行囊，猎犬争先恐后地吠向远方，出发的路上腾起一阵烟尘，如一片腾空而起的蘑菇云。

女人们则需要开始今天的采集计划，她们带上工具，呼朋引伴，三五成群，说说笑笑着出发。带头的露西（就是那位著名的"人类祖母"）说，昨天我们去的地方已经没什么可采集的了，今儿我们顺着河逆流而上吧，看看是否有些新的收获。大家一致同意，哼着小调往上游去了。

每个女人手里都拿了一个收集袋，多用树叶、草根、蔓藤编制而成，确切地说是"一只草包"。一路上，女人们会互相欣赏彼此的袋子，分析材质和编制方法，互相学习。每当一个女人最新编制了一个量大能装又美观的收集袋时，总是能引来同伴们艳羡的目光。

采集的水果、野菜、块茎等食物放到袋子里，这是大家一天的伙食。这时的收集袋子必须满足两个重要特点。

一是量大能装。假如今天运气爆棚，来到一片硕果累累的地区。女人们首先就是放开肚皮，大快朵颐，这样的好日子可不是每天都有的，直到大家吃到食物已经抵到嗓子眼。接下来就是尽量把最多的果实运回去，一个大容量的袋子至关重要，甚至决定一个群落的生死存亡。

二是结实耐用。本来结结实实装了 20 斤野果子，结果走到半道，袋子破了，果子如天女散花般滚落到草棵子、石缝子、水沟子里，她们的心情一定是十分糟糕的。

资料显示，狩猎的男性不可能每次出门都能打到猎物，能有 50% 的成功率就已经很好了。而女性采集则不然，出门一次，多多少少都会采集些食物回来，包括可食用的坚果、浆果、水果、块茎等。旧石器时代，女性采集回的食物，要占食物总量的 60% ~ 80%。因此，从这个角度也可以看出，包对于女性来说不仅是一个单纯的物件，更是重要的生产资料，承载着对幸福美好生活的希冀。

对于远古女性而言，拥有一只结实能装的"大草包"，实在太重要了。

时至今日，现代女生喜欢购买各类包，绝不是无迹可寻的。如果再有人（绝大部分是男人）因为你买了一只心仪的包而横加指责，请毫不客气告诉他：喜欢包是刻在远古人类基因里的刚需。

为什么对于女生而言"包"治百病，我们需要看见这刻在基因里的需求。但这并不意味着给你提供无节制、破产式买包的理由。

到了现代社会，我们还应该看到奢侈消费背后的逻辑。现代一部分人，超过经济承受能力也要购买昂贵的奢侈品包，吃高档餐厅，买豪华汽车，住大面积别墅，其实是等级观念给人的暗示。

资本主义社会发展打破了封建社会的等级制度。事实上，复杂的人类社会的底层心理逻辑仍然需要由想象构建出来的等级制度和"鄙视链"。为了满足这种强烈的心理需求，资本主义社会就开发出来一种标准，通过看你消费什么来定义你的阶层。这在陌生人社会极为有效，有了消费等级区分之后，陌生人不需要浪费时间和精力真正了解彼此，通过社交线索，如衣食住行、消费层次，来确定如何对待对方。

其实你不是在消费这个物件，你消费的是一种对自己阶层地位的想象。在封建社会，阶级是由政府、国家机器保障。比如，人为规定了士、农、工、商四大等级。各级官员的服色、用度、礼仪等都是规定好的，但凡要超越，就是一种封建礼教上的僭越。比如穿衣服的颜色和材质，汉初规定，商人再有钱，也不允许穿丝绸的衣服。现在是没有封建等级了，如果你愿意，你可以穿一件黄色龙袍招摇过市，也没人会多看你一眼。

现代社会，潜在的标准是用你的消费能力来区分、标定群体，越是不符合理性的消费行为，越是标明你的群体独特性，道理与拖着无用且容易引来天敌的漂亮尾巴的孔雀类似。在一些情况下，人们可能会超出自己的经济承受能力去购买昂贵的奢侈品、享受高档餐厅、购买豪华汽车或住大面积别墅，这往往是在追求社会地位和显示财富的同时，也受到等级社会的暗示和压力的影响。

在等级社会中，财富和特定的消费品被看作成功和地位的象征。人们往往通过购买奢侈品来展示自己的经济实力和社会地位，以获得社会认可和满足归属感。这种心理需求和社会压力，推动着一些人追求奢侈品消费，即使可能超过自己的经济承受能力。

然而，我们也应该意识到，追求奢侈品消费本身并不能给人们真正的幸福和满足。尽管物质享受能够带来快感，但它们往往是短暂的，并且很难持续满足内心的真正需求。真正的幸福和满足来自内心的平静和对自己价值的认可，而不仅仅依赖外界的物质标志。

因此，在面对奢侈品消费的诱惑时，我们应该审视自己的真正需求和价值观。我们需要明确自己的经济情况和能力，并坚持理性消费。将注意力放在自我成长、人际关系、精神追求和社会责任上，培养内心的满足感和幸福感。

当我们想要消费某项奢侈品，并陷入"得不到"的痛苦情绪中时，我们需要清楚地看到情绪的来源。

看清楚了，买或不买都可以。或许你真看清楚了，你就真的不需要了。

总之，看清楚了再作决策，一切都随你，你开心就好。

"包"治百病只是一个例子，我们总是有很多很多的欲望。甚至可以说，是欲望撑起了人的存在。欲望，有时如潮水般汹涌澎湃，有时又像微风拂过水面，悄无声息。它们在人的内心深处跳动，如同心脏的每一次搏动，推动着我们的生命不停向前，探索未知。然而欲望之火若无法驾驭，则可能燃起熊熊烈焰，将一切美好化为灰烬。在欲望的花园里，让我们既不盲目追逐，也不刻意压抑，而是在欢喜与自在中，体察人生的味道，感悟存在的意义，如此，每一颗渴望的种子都能生根发芽，开出灿烂的花。

失控的愤怒

周一早高峰,闹铃响了五次你才起床,顾不上吃早餐就开车出门,你的起床气还没有完全消散。比往常出门仅仅晚了十分钟,而路况已经天差地别,公路已经变成停车场。你看了看表,一个左转灯已经等了十分钟,你越来越着急,左顾右盼,手也在方向盘上无意识地拍着。

终于等到红灯变绿,你已经准备好抓住这个绿灯机会通过,前面的车辆依次动起来了。终于,你前面的那辆车动起来,你正准备起步,结果半路杀出个程咬金,一辆车以迅雷不及掩耳之势横插进来,没有任何预兆。你被吓了一跳,本能来个急刹车,头像跪拜一般重重地磕在了方向盘上。

你怒火中烧,恨不得跳下车去,拉出前车司机一顿暴揍。于是，你猛打方向盘别到右边车道猛踩油门，车身刚越过别你的车，就往左挤进来，别你的车终于被你挤到身后。你终于觉得出了口恶气，看着绿灯变红灯，你充满仪式感地踩满了刹车，正享受着这一阶段性的胜利。

这时，"咣当"一声，你再次把头重重地磕在了方向盘上，好半天，你才反应过来，你被缺德的后车追尾了，确切地说是被后车狠狠撞了。你气不打一处来，下车就找对方理论，而对方在你的车停稳后还敢撞车，显然也不是良善之辈，于是，你和对方大打出手，双双入院。

最终，你俩因为开斗气车，严重危害公共安全被治安拘留。真是咎由自取，各有所得。

事情猝不及防就走到了这个地步，可是这是你想要的结果吗？是你心甘情愿接的剧本吗？

大周一早上，你晚起来十分钟，有点烦躁，但你最多迟到十分钟，其实并没有什么大不了的。现在时间拨回到这个周一早上，你开车出门，路上堵车一塌糊涂，你有点焦虑。你在开车的同时，分一点意识看见自己有点焦虑，并告诉自己，由于出门晚了十分钟，你希望路上能加快速度弥补晚出门十分钟的问题，准时到单位，但是现在路上堵车，你的如意算盘落空了，所以你焦虑了。你不必做什么，你就看着焦虑，用意识之光照耀着它。你现在改变不了什么，改变不了出门迟的事实，改变不了路况的拥堵，你能做到的就是好好开车，看见自己的焦虑。屋漏偏逢连夜雨啊，绿灯亮了，你正想加快速度冲过去时，一辆不开眼的车加塞儿进来，你的火"蹭"一下冒起来，愤怒一秒就取代了焦虑。你甚至都没有任何意识，愤怒就从无到有，瞬间长成巨型八爪鱼，完全掌控了你。这一刻，你必须采取行动。这是本能，这不能忍。但导演请喊：咔。

你不能本能行动，那是第一个剧本，现在我们演绎第二个剧本。因此，你要继续分点意识出来看一看自己，看见自己的愤怒，用意识之光照耀着你的愤怒。只要看见了愤怒，你就不会轻举妄动，只要你的意识还在照耀着愤怒，愤怒就像是被点穴后趴在地上一动不动的刺猬。请继续保持看见，保持临在。看见愤怒，就像看见任何一块石头，一个板凳，不带情绪，不去批判，不去压抑，就是这样，客观单纯地看见它。一开始，它会像一块刚从冰库里拿出来的坚冰，冰冷，锋利，坚硬如铁。你要看见它，一直分点意识看见它。你的看见就像是冬日的暖阳，散发出柔和的热量，一丝丝瓦解了愤怒的坚冰，直至化为一泓柔弱的水，蒸发消融在空气中，你甚至能笑出声来，生出慈悲之心。但一开始，这个过程可能没有这么顺利。你一旦走神移开看见的目光，愤怒就会重新滋长。请立刻去看见它，愤怒此时就像是饿得前胸贴后背的猫科动物，只等你转过身去，你万不可掉以轻心，你要持续保持看见，一旦走神，就拉回自己的目光。不断地锻炼，你的看见的能力也会不断提高。

于是，当看见让你的愤怒消失了，你正常开车到了单位，一切糟糕的事情都没有发生。两个剧本拿给你，你肯定毫不犹豫地选择第二个剧本。然而，实际情况发生了，愤怒的章鱼用它那有力的触手一瞬间抓住了你,你就照着第一个剧本走了。

决定你能够演出哪个剧本的关键是:你是否看见了情绪。看见了,你就能出演第二个剧本,让糟糕的事情远离你。而你如果本能应对,不去看见,你就会演出第一个剧本,把原本平静的生活搞得一团糟。这就是看见的力量。

生活中,所有意想不到的事情发生后,你手中都确定地握着两个剧本:"看见"写的剧本和"本能"写的剧本,相信你能做出有利的选择。

情绪是你的奴隶、你的工具,别让它变成你的主人。你看见它,它就是你的奴隶;你看不见它,它就会变成你的主人。愤怒是一种宝贵能量,别浪费它,你是主人,你可以做得到。

现代社会,我们经常需要开车出行,而"路怒症"症状比比皆是。

症状一:开车"骂人"成常态。开车和不开车,脾气、情绪像两个不同的人。

症状二:开车时情绪容易失控,一点堵车或碰擦就有动手冲动。

症状三:喜欢跟人"顶牛",故意拦挡别人进入自己车道。

症状四:前面车辆稍慢就不停地鸣喇叭或打闪灯。

症状五:危险驾驶,包括突然刹车或加速,跟车过近等。

"路怒"一族不计后果的行为极易引发交通事故,损害自己和他人的生命财产安全。"路怒症"驾驶人就像"埋在"道路中的炸弹,对社会公共安全有着巨大的破坏性和威胁性,行驶中的车辆随时可能被转换成暴力工具，其破坏性不容小觑。

讲一件现实生活中真实发生的事。2013年1月27日晚，北京西单大悦城停车场发生了一起命案。一位轿车司机与停车场管理员因为10元停车费发生冲突，开车拖行管理员300余米，最终导致管理员死亡。轿车司机被判处10年有期徒刑，并赔偿受害人一家43300元人民币。轿车司机面对采访时痛哭流涕，后悔莫及：别说是10块钱，就是100块钱停车费，我给他不就没事儿了？

"愤怒"就像一头野兽，自我保护的本能就像是喂给"愤怒"的野兽的能量补充剂，"愤怒"的野兽会越长越大，从而控制了真实的你。

是啊，故事本来应该是另一个版本。当管理员提出的停车费大于你的预期，多收你10块钱时，你感到很气愤。此刻，你必须立即去看见气愤，注视着它，把它限制在你看见的光束"结界"中。看见它，它就无法长大，它就无法控制、胁迫你。看见它，你就可以理性思考，厘清逻辑并权衡利弊，给出正确的答案，因为你并不是付不起，而是在闹情绪。你绝对没有预见管理员死亡的可怕后果，如果你能提前看见，你就绝对不会让悲剧发生。

现代社会，汽车加塞儿等类似引发愤怒的问题并不会引起远古时期的系列连锁反应。在多数情况下，愤怒也不会带来任何收益，相反会带来极大风险。想象一下，以120公里时速驾车你追我赶，绝对要比狩猎—采集族群中社会地位下降更容易让你立刻毙命。辅导作业过程中愤怒地大吼大叫、猛拍桌子的自残行为更容易让你受到追悔莫及的伤害（如新闻报道的脑血管爆裂紧急入院的妈妈、拿大石榴打孩子致使孩子脾脏破裂的爸爸）。但由于基因的本能作祟，我们在面对类似车辆加塞儿时的愤怒，很容易让你"跟着感觉走"而发生你并不希望看到的结局。

了解了"路怒症"的前世今生之后，当你开车出行时，需要时刻以一个"旁观者"的眼睛看见自己的情绪，因为这个时候路上其他车辆的行车不规范行为不会对你的社会地位、生存发展造成太大影响，你应该清晰地看见自己的愤怒，明了其背后的逻辑。

如果你能从根本上了解你的愤怒，你就会成为它的主人。然后愤怒就变成了工具——你可以使用它。

愤怒，这只潜藏于人性深处的野兽，它似乎总是迫不及待地想要挣脱那些束缚。它是一条充满力量与危险的恶狗，随时准备挥霍其毁灭的能量，摧毁它前进道路上的一切阻碍。然而，这头野兽，尽管狂野，依旧需要我们的驯化，我们不仅可以，而且必须成为它的主人。

愤怒的存在本身并非全然邪恶。它如同一把双刃剑，其力量既可以用于保护，也可能产生破坏性。正如夜空中的闪电能照亮黑暗的天际，愤怒也可点亮我们内心的正义之光，驱赶不平与冤枉。但它必须得到妥善的控制，就如同猛兽需要牢固的笼栏，愤怒亦需要坚实的心灵来拘束。

爱护这条恶狗，并非纵容它四处横行。相反，我们必须刚毅而又温和地握紧那根控制绳，不放松一刻的警惕。看见它，训练它，指导它，使它成为一个尊重其他存在的存在，从而让我们的生活更加富有同情和理解。

被愤怒控制时，你不是你自己

然而，控制愤怒对于我们来说极具挑战。情绪的海洋波动不安，而愤怒如同一个狡猾的逃犯，它会寻找任何一个疏忽的机会，一旦我们松懈，它就会乘虚而入。一旦被愤怒所控制，我们会失去理智的引导，变得鲁莽，甚至残忍。

我们看到的污点斑斑的历史，是因为愤怒摆脱了束缚，结果造成了无法逆转的破坏。家庭纷争、友谊瓦解、战争爆发，所有这些悲剧背后，都有一个共同的催化剂——失控的愤怒。因此，我们一直记得，愤怒是一只潜伏的恶狗，永远不可疏忽对待。

当愤怒在我们心头翻腾时，我们必须保持冷静，心中强大的意志，就像一条坚固的绳索，精神上的洞察力和自制力能够引导我们沿着恰当的道路前进，使我们的心灵变得温暖，让同情与理解像阳光一样照耀，融化愤怒的犬牙，我们才能真正做到不让任何的挑衅、误解或恐惧驱使这条危险的恶狗去伤害我们。

要永远记得：愤怒，不是你，而是你养的一条恶狗，但它的绳子，终究要牢牢握在你的手中。只有懂得控制而不是被控制，我们才能确保自己的与他人的幸福与安宁。

没有痛感的痛

通过看见，可以对某些难以忍受的痛苦产生基本免疫。

生活中的小病小痛像是晴空里出现的阴云，总在不经意间光临。口腔溃疡的痛酸爽，膝盖磕在桌角让我们尖叫，甚至在无意识中我们的手被锋利的纸张划出一道血口子，钻心的疼痛感就蔓延开来。

分娩疼痛更是高达八级，来看几段关于生孩子之痛的描写。

她声嘶力竭地喊叫着，湿漉漉的头发胡乱地贴在额头上，眉毛拧作一团，眼睛几乎要从眼眶里突出来，鼻翼一张一翕，急促地喘息着，嗓音早已沙哑，双手紧紧抓着早已被汗水浸湿的床单，手臂上青筋暴起。

一股股剧烈的疼痛袭来，刺激着她的神经。她的肚子像被万把灼热的利刀割着，绞心的疼痛遍布她的全身。一阵又一阵的疼痛犹如钱塘江大潮一般向她涌来，一波又一波。

她忽然皱眉，面色苍白，口里不断发出"哎……哟……"的抽气声音，人也慢慢地蹲下去，头越来越低，蜷缩的身子不断地在颤抖，声音越拉越长，逐渐变成呻吟，显得很无力又很痛苦。

仿佛一览无云的晴空中，突然撕破了一个口子，霎时，黑暗犹如一把尖刀刺进她的心脾，旋转着，刺痛着，疼痛一下子占据了她的肚子。

人类是本能拒绝疼痛的，而无法看见疼痛，疼痛就会引发焦躁、恐惧等令人不悦的情绪，有些人甚至会大喊大叫、拼命击打外物作为缓解疼痛的手段。在疼痛退去后，可能会出现肌肉拉伤、皮肉红肿甚至骨折等二次伤害。

从进化论的角度看，疼痛是一种重要的自我保护通信机制。远古时期，我们的祖先外出狩猎，当被猛兽袭击，或者被工具所伤时，身体上产生伤口，同时会产生钻心的疼痛。这种疼痛的感觉必须立即传输至大脑。因为如果不能够立即感受到疼痛，并把感觉传输至大脑，他就会处于非常危险的境地。他可能血流不止，或者引发感染而丢掉性命。所以，是疼痛感刺激人的情绪系统必须立即做出应激反应。神经系统会有一个预设的受伤应急预案，就是疼痛感调动了人的情绪系统，促使人迅速意识到受伤问题并积极处理这个重大生命威胁。因此，疼痛本身是一个信号，它的最重要的作用是刺激激素分泌、刺激情绪系统，提供一个本能冲动去处理可能危及你健康甚至生命的事件。这是一个非常重要、必要且好用的系统。

为了更好地说明疼痛是一种信号传导机制，我们来了解一下幻肢痛，更为形象地说明疼痛是大脑的通信过程。

幻肢痛是一种医学现象，指失去某部分肢体的人产生的一些幻觉，即感觉到四肢仍旧附着在躯干上，和身体的其他部分一起移动，并感觉到这部分肢体十分疼痛。幻肢痛多在断肢的远端出现，疼痛性质有很多种，如电击样、切割样、撕裂样或烧伤样等。表现为持续性疼痛，且呈发作性加重状况。据临床报告，70%以上的截肢病人术后伴有幻肢痛。

在一场严重的交通事故中，63岁的伊万·塞罗夫克失去了左小腿。他在明斯特兰德医院康复中心学习再次行走，他感到已经失去的小腿肌肉酸痛。晚上躺在床上的时候，他感觉左腿仍然还在。很多截肢的人都有这样的幻觉，相信自己还能感受到失去的部分。原因在于，在大脑皮层区域内，身体的每一个部位都有自己固定的位置，并由那里控制。即使是截肢之后，缺失的肢体依然被大脑控制处理。

这种情况当初也发生在汉斯·彼得·施托身上。26年前，他在一次事故中失去了一条腿，他花了几个月时间学习使用假肢走路。幻肢痛开始了，每隔两三分钟一次，就是那种脚底下的刺痛，实际上脚是不存在的。神经科专家说，幻肢痛在伤后几周才发生，很大一部分人有剧烈的疼痛，人们因此饱受折磨和痛苦。和幻觉类似，幻肢痛也是由于大脑的错误处理产生的，仅仅是想运动的念头使大脑发出电脉冲，它们在大脑和想支配的器官之间循环往复。但截肢后，受影响的身体部位没有反馈，大脑将其视为损伤，并做出疼痛冲动的反应。当患者有很长时间的慢性疼痛，然后遭受截肢，那么发生幻肢痛的风险就很大，这是疼痛记忆。

在明斯特兰德医院康复中心，专家们主要依靠镜子工作，采用镜像疗法治疗幻肢痛。伊万的右腿很健康，在反射中看上去就像是失去的左腿，从而让他关注左腿，练习时间越长，效果越好。镜子疗法，是欺骗你的大脑。对着镜子，看着左右颠倒的图像，得到的是视觉反馈，从腿到大脑，这样就可以删除相应的疼痛编码，有效治疗幻肢痛难题。

在幻肢痛的情况下，因为你的伤口实际上已经被处理完毕，不再紧急威胁你的健康乃至生命。这时，疼痛存在的目的已经消失，那么幻肢痛就造成了不必要的精神紧张，或者说不必要的情绪波动和能量支出。

其实，生活在现代社会的我们，现实生活中大量的焦虑情绪，其实也是另一个层次的幻肢痛，它本身并不能够提供收益，但是由于它是你的先天预设的一个程序，或者说是一种本能，仍然发挥着它的原始作用，却会给你造成不必要的损失。就像意识到并治疗幻肢痛一样，我们应该认识到这是一种不必要的痛苦、不必要的神经和情绪冲动。

所以，你需要非常清楚地看见自己对疼痛的感知以及疼痛造成的情绪波动，它们并没有真实地、恐怖地、一发不可收拾地伤害到你。这可以非常好地帮助我们应对真实需要去处理的场景，以及衍生出的这种无意义的痛苦、压力和紧张。

我们需要看见两种情形的不同，然后做出相应的处理。

一种是真实的受伤场景。比如你切菜时不小心把左手食指切开一个口子，已经在流血了。你看见了伤口，本能地疼痛。这种情况下确实需要疼痛情绪去提醒，促进你迅速处理这个事件。你快速拉开药箱，拿出云南白药，或者莫匹罗星软膏涂上，用纱布或者创可贴包扎，问题解决。

另一种是出现类似幻肢痛的情况。你应该了解，这种疼痛感或者焦虑情绪是不必要的，你应该尽量迅速地看见自己的情绪，并缓解由此造成的不必要的神经紧张、激素分泌。在这种情况下，我们要认识到疼痛是一个超级棒的通信系统，而我们要成为这个系统的理解者和主人，而不是完全被激发的情绪掌控。我们要清晰地看见并理解这是一个进化过程，我们的祖先也是依赖这种本能才存活下来。在远古时期，凭借这样一套高效的通信系统，我们并不需要复杂的理性决策过程，就可以快速做出正确的选择。但现在，我们并不是每时每刻都需要这个通信系统。我们生活在现代化城市中，过着安定的生活，生活中存在的大量各式各样的刺激也并没有危害我们的生存，反而是这种过激的反应和不必要的情绪给我们的生活带来了很大的负担。在这种情况下，我们必须能够看见这个负担是不必要的，会消耗我们的情绪和能量，看清楚疼痛的本质，就可以减轻我们的身体和心理的负担，提升我们的人生幸福指数。

想象你正躺在柔软舒适的云朵里

所以，当疼痛来临，你最好找个舒适的地方坐下或者躺下，闭上双眼，让全身都放松下来，你可以像一台扫描仪一样，认真地从头顶、五官、颈项、前胸后背、前腹后腰、臀部、大腿、膝盖、小腿、足尖细细地扫描一遍。当你的注意力扫描至某一个身体部位，你就按下放松按键，命令这个部位放松下来，直到全身都处于放松的状态。想象着你正躺在柔软舒适的云朵里，或者像鱼儿一样漂浮在轻柔的水面，或者躺在最能给你提供安全感的老家堂屋，总之，想象让你极度舒适的场景，让全身心放松下来。

然后，做一件事：忘记整个身体，只专注于身体疼痛的部分。这时你会注意到一件奇怪的事情。当你专注于身体疼痛的部分时，你会看到那部分正在萎缩。比如你的腿部疼痛。首先你会感觉到疼痛，疼痛是在你的整条腿上。当你集中注意力时，你会感觉它不是在整条腿上。它被夸大了，它只是在膝盖处。更专注，你会觉得它不是在整个膝盖上，而是在一个精确的位置。更加专注于精确定位，忘记整个身体。只要闭上你的眼睛，继续集中注意力，就能找到疼痛的地方。它会继续缩小，面积越来越小。继续盯着那个点，突然那个点会消失，你将充满幸福，而不是痛苦。

为什么会发生这种情况？因为现在你是观察者，痛苦在别处。你在观察痛苦，而不是感受痛苦。这种从感受者到观察者的变化造成了你和疼痛之间的差距。而当差距更大时，你会完全切断疼痛感与感觉、情绪的通信线缆，疼痛感就会慢慢会失去锋利感，形成没有痛感的痛。

看见焦虑及其背后的逻辑

焦虑是由于对亲人或自己生命安全、前途命运等的过度担心而产生的一种烦躁情绪。其中含有着急、挂念、忧愁、紧张、恐慌、不安等成分。远古时期，人类外出狩猎、采集，会出现担心遭遇猛兽袭击的焦虑。弗洛伊德认为，婴儿出生时从母体的分离是人类体验到的最大焦虑，诞生的创伤是后来出现情感焦虑的基础。"杞人忧天"应该是焦虑界最著名的案例。

现代社会，人类几乎无须对猛兽袭击和忍饥挨饿产生焦虑，但焦虑问题仍然如影随形，并被装进了各种形式的瓶子里，被包装成了各种新的样式。伴随着成长，人们无一例外需要经历考试焦虑、就业焦虑、公开演讲焦虑、当众出丑焦虑、破产焦虑、失业焦虑、疾病焦虑、衰老焦虑等的重重考验。相信列举的上述几个焦虑情形不及生活中五花八门各类焦虑的万分之一。

有调查显示，当众演说是一件令人严重焦虑的事情。想象一个场景，按照日程安排，一周后你要面对500位听众做一个公开演讲，其中还不乏行业内专家和大咖，你认真地准备着演讲材料。随着演讲时间的临近，你的焦虑感也与日俱增。焦虑像是一艘小船，总是载着思绪漂浮在想象的大海上。你担心演讲可能会出现不顺利的状况，比如幻灯片播放故障、思路断片，你甚至会想象出一些特定的灾难场景，比如呼吸困难、现场晕厥，但事实上，这些想象中的情况从来没有发生过。你已经有多年公开演讲的成功经验，记忆中也没有出现过问题，但尽管如此，你还是会觉得焦虑。

事实上，焦虑的作用也分为正反两个方面。

有时候，焦虑能发挥正向作用，提高学习和工作效率。一件事儿能引起你的焦虑，说明事情非常重要，这会促使你花费更多时间和精力完成相关工作，发挥主观积极性，把事情做得尽善尽美。焦虑的正向作用需要我们"看见"，并加以利用，发挥它的积极作用。

但更多时候，人们总是心怀很多无谓的焦虑而不自知，这是有害无益的。看不见焦虑，你就会依靠本能采取措施缓解焦虑情绪，比如暴饮暴食造成焦虑肥。焦虑情绪让你心气浮躁，失去耐心，极易发怒，进一步恶化关系，加剧焦虑。

有时候，一些令人焦虑的情绪甚至毫无来由。比如一场同学聚会前的焦虑，我甚至听说过有人参加超过3人的谈话、聚会就会焦虑的极端案例。

既然焦虑的幽灵随时都可能潜入我们的生活，如何与焦虑和平共处，是每个追求幸福的人的必修课。

一是看见焦虑。当你感觉到焦虑时，你必须明确关注到你的焦虑情绪已经在滋生，理性审视这股焦虑情绪，不作任何判断，看见它，感受着它。接纳这种感觉，越是不加评判地看见它，毫无躲闪地注视着它，它带来的负面感觉就越弱化。慢慢地，焦虑情绪就会逐渐与你剥离开来，我们用心灵之眼看见它，像是看见世界上任何普通物件，焦虑最终会转化为中性状态，直至无须关注，自行消散。

二是看见焦虑背后的逻辑关系。在客观看见焦虑情绪的同时，理性看见与之相关的思虑。冷静问自己几个问题，比如，如果公开演讲出现状况，会断送掉职业生涯吗？失去这份工作，我会饿死吗？你会发现自己的焦虑缺乏因果逻辑，焦虑就会随之弱化。

焦虑背后隐含着一种保护和自我保存的逻辑。在远古时期，焦虑情绪帮助人类保持警觉，应对潜在的危险和威胁。焦虑是一种进化上的适应机制，它激发人们的注意力和行动，以增加生存和适应的机会。

焦虑情绪的出现通常是因为对自身或他人的安全、前途命运等重要事物的担忧。这些担忧可能来自社会压力、未知的未来、负面的经历或者个人经历中的创伤事件。焦虑情绪使人们更有意识地面对可能的威胁，并促使他们采取措施来保护自己或他人。

然而，随着社会的发展和生活条件的改善，现代社会中的焦虑往往超出了生存威胁的范围，变得更加普遍而复杂。个体经历着更多内外界的压力和挑战，焦虑情绪在某些情况下可能失去了适应性，使人们感到困扰和不安。

　　我们面临一个选择，或者需要做一件事，做这个选择或者这件事会给我们带来很大的情绪上的困扰，比如我们可能有很多的担忧，甚至有很多的愤怒，当这些情绪出现的时候，我们应该看到这种情绪，同时要去尽量理性地作决策。我推荐SWOT分析法，简单好用。把你作这个决策之后所面临的优势、劣势、机遇和威胁清晰地列出来，这样你就会清晰地看到哪些因素给你带来了焦虑，哪些因素给你带来了不确定性。你清晰地看见这些因素，并且能够清晰地看见哪些因素带给你这些情绪。你认真地看见这些情绪。这个时候你就会作一个比较理性的选择，同时你能够看见并消融掉这些不良的情绪。你将能够做到凡事作了决策之后就不会后悔，愿意承担所作决策的任何后果。

　　总之，理性化解焦虑是非常重要的，因为它有助于我们更好地应对生活中的挑战和压力。通过正确认识焦虑情绪的来源和适应性，采取积极的态度和行动来管理焦虑，更好地平衡和掌控自己的情绪，提升自身的心理健康和生活质量。

　　一旦你看到焦虑而不被它控制，你就会成为它的主人。

学会做"责任划分"

在人生这场电影中,每个场景都交织着无数变量。我们如演员般出场,在不同的时间点和情境中扮演着各种角色,试图在无常的剧本中找到自己的位置。但在这样的过程中,我们不可避免地会遇到一些由他人编写的情节,它们或是阻碍了我们的脚步,或是改变了我们原有的方向。这时,责任划分便成了人生艺术中一门必修的哲学课。

责任划分的第一课是掌握控制的界限。环顾四周,我们能看到哪些是我们能够操纵的自主领域,哪些是我们无能为力的天意安排。像是管理一座精致花园的园丁,我们可以决定哪一粒种子在哪片土地上发芽,并悉心呵护,细心灌溉。但是,那些一次又一次突如其来的风暴,那些未曾预见的霜冻和旱灾,它们都不受我们的意志所控。

认知自己的掌控范围,就如同航海者认知海洋。他知晓自己能调整船帆、修正航向,但海浪的高低、风云的变幻,那是海的自白,那是风雨的诗篇。他不会因为海浪的汹涌而怨天尤人,而是学着与自然的节奏共舞,尊重海洋,更尊重自身的选择与努力。

当我们学会为自己的行动承担责任,不为他人的失误背负负担时,生活的画卷便开始渐渐明朗。如同清晨的露珠和夜晚的星辉,有些事物明亮而可触,归我们所有;有些则闪烁而遥远,值得我们赏析却无法触及。分辨这两者,便是我们对生命寓言的理解和尊重。

学会责任划分,就是学会在复杂的人生中寻找简单。不是简单的生活,而是简单的心灵状态;不是简化问题,而是简化心智负担。在这样的生活中,我们学会了沉静如水,学会了如同大树般深扎根背对风暴。我们的努力,我们的奋斗,不是为了回应外界的期待,而是为了成就更好的自己。

就这样,带着责任划分的智慧,我们继续在时间的长河里航行。纵使前方充满未知,我们的心里装载着一个不灭的信念:为自己能掌控的努力,为自己的梦想播种,而不让别人的错误定义我们的航向。在这场旅途中,我们逐渐明白,生活不仅是存在与消逝的戏剧,更是自我发现与成长的诗篇。

在自我发现与成长中,我们不断学会释放过往,抚平由不完美的他人在我们生命中留下的伤痕。我们了解到,每一个疤痕都是成长的代价,每一次跌倒都是前进的力量。如此,我们不再纠缠于那些无法改变的错误，不再让别人的决定左右我们的情绪。我们学会拉长视野，放眼未来，把握内心的航标，勇敢地穿越误区的迷雾。

我们的心灵若是一片森林，那么责任划分就是那些为我们指引方向的瞭望塔。从这些瞭望塔上，我们不仅能看到森林的辽阔，也可以洞察到生活中的每个细节。我们看到了哪些是我们可以播种的土地，哪些是我们可以栽培的树木。而远方无法抵达的山峰，我们学会欣赏它们的雄姿，而不是妄图去征服。

如同经历四季更替的大树，我们在欣赏生命繁华的同时，也心怀坦然地面对枯萎与凋零。掌握责任划分的艺术，是让我们能够在风雨交加时，仍保持内在平静的秘诀。在这样的宁静中，我们的内心不为外界的喧嚣所扰，我们的理智不为瞬间的冲动所摆布。我们变得更加从容，更加淡定，更有能力应对每一个挑战。

在责任划分中，我们更找到了走向彼此的桥梁。我们学会倾听而不仅仅是听见，我们学会理解而不仅仅是接受。每个人都是独立的世界，他们的选择和行为都有其深远的脉络。当我们理解到这一点时，我们便开始尊重他人的差异，尊重生活中的多样性。这样的尊重，最终又回到我们自身，转化为自我尊重和爱。

我们从每次的失败中汲取教训，从每次的成功中拾起鼓励。我们的脚步变得稳健而有力，我们的眼睛变得清澈而深邃。我们学会了怜悯，学会了感恩，更学会了坦然接受生活的每一次赠予，无论是苦涩的果实，还是甘甜的滋味。

因此，让我们持续地在生活中练习责任划分的艺术。在这样的练习中，我们不仅构筑起对自己行为的责任感和对他人选择的宽容心，更是在维护着那个让我们成为独一无二的个体的核心。让时间的江河继续流淌，我们不追逐掠夺者的步伐，而是根据自己的节奏，一步一步，书写着属于自己的章节。因为在人生的剧本上，每一个人，都应当是自己故事的主角。

像爱孩子一样爱自己

2012 年 4 月,我的儿子降生。我突然就领悟了林徽因,"你是一树一树的花开,是燕在梁间呢喃,——你是爱,是暖,是希望,你是人间的四月天!"

曾经我们站在青春的阶梯上,以为了悟了爱的全部。文学篇章流转着情感的甘醇,诗行之间跃动着爱的灵魂,而银幕上闪耀的是爱情的华丽幻灯。我们坠入爱河,以为那是深海;我们与朋友畅谈,猜想那是爱的山岳。但这些,只是爱的倒影,在生命的河流中摇曳。

爱,是一本写不完的书,每个人都是笔下添墨的旅人。我们在青涩的笔触中,以为把握其脉络,却不承想那是篇章里最初级的课文。

直至一个新生命的到来，我们的手捧着那小小的身躯，心融入那无辜的眼神，才进一步领会爱的宏大诗篇，明白之前章节仅是序幕，而真挚的情感是如何翻涌。在孩子眼中，我们看到了自己的映照——

在这生活的剧本里，我们不再仅仅是旁观者或模仿者，而是创作者，用自己的生命书写着关于爱的箴言。直到抱起孩子的那一刻，我们才真正踏上了理解爱的征途，我们才真正开始领会到爱的深度，它那温润如玉的质感，它那悠远如歌的回响。

在生命旅程中，有一个矛盾经常在我们心里轻声细语——我们在为自己而战时，是否真的懂得如何爱自己？我们可能采取自私的行为，保护个人的利益，推动我们的事业向前进，赚取财富、名声、地位，却往往忽视了真正给予自己关心和爱护的力量。让我们走进一片温柔的思考之境：倘若我们能够将那份纯净无瑕的爱，那种我们毫不犹豫给予孩子的爱，毫无保留地回馈给自己，又会怎样改变我们的生活？

你曾经凝望过新生宝宝的眼睛吗？清澈、纯粹、充满无边的信任和依赖。在他们的世界里，每一次呼吸都是新鲜的，每一次触摸都充满了新奇。看着他们，你的心中涌现出一种异样的情感——无条件的爱，那是毫不计较、不求回报的奉献。那一刻，你多么渴望给他们最好的，保护他们，让他们免于任何伤害。你为他们的成长感到骄傲，即使是小小的一步。

现在，试着想象，如果你能以同样的爱心、同样的耐心和同样的慈悲看待自己。为自己设置温馨的庇护所，不仅是在物理上，在精神上也能有一个让自己得到抚慰和重生的空间。爱自己，意味着赋予自己同样的关怀、鼓励、宽容和欣赏，即使在你迷失方向、犯错或失望时，也不例外。

当我们面对自己的错误时，有时候会斥责自己，但是请问你是否会如此严厉地责备一个处于学习阶段的孩子？不，你会拿出全部的耐心，教他们从失败中学习，鼓励他们再试一次。爱自己也要这样——每当跌倒时，请温柔地挽起自己的手臂，用安慰的语言告诉自己，每一次挫败都是成长的营养。

爱自己，也意味着培养对内心深处的了解，倾听自己真正的需求和欲望。就像倾听孩子天真的话语一样，给予自己的内心以同样的重视。当孩子有所恐惧时，你会轻柔地抚慰他们；当你面对恐惧和不确定时，试着给予自己安慰和力量，让自己明白即使在风暴中，也总有自己作为温暖的避风港。

让我们在自我关爱的阳光下成长，在自我接纳的雨水中茁壮。就像孩子们在爱的滋润下破土发芽，我们的灵魂也能在自爱的润泽下，绽放出生命最美的花朵。当我们开始像爱自己的孩子一样爱自己，世界也会以一个更加温暖和充满爱意的方式呈现在我们面前。因为真正的爱，始于内心深处对自己的温柔拥抱。

那么，如何开始这场向内的旅程，将我们对他人的爱，那种毫无保留的爱，温柔地转化为自我之爱呢？这需要首先认识并拥抱我们内在的每一个角落，无论它们是否完美。正如我们从不会因为孩子身上的瑕疵而减少对他们的爱。爱自己意味着我们要理解并接受，尽管我们不完美，但我们仍然值得被爱，值得追求幸福和完整。

爱自己，就像爱孩子一样，我们需要学会自我倾听。倾听你真实的想法、恐惧和欲求，就像你倾听孩子讲述他们的小秘密一样。不是每一个想法或感受都会指向明确的方向，但每一个细节都铸成自我的全貌。我们倾听，并不是为了立即评判或做出反应，而是为了理解。

爱自己也需要我们对自己持有同样的期望和梦想。就像我们为孩子们梦想美好的未来一样，我们必须鼓励自己向着那个版本进军，无论多少次的尝试或失败。我们知道，真正的失败不是跌倒，而是拒绝再次站起来。爱自己就是给自己站起来的勇气，就是明白每次的失败都是成长的一部分。

自我关爱意味着给予自己空间去成长，给予自己时间去愈合。时间本身具有恢复的魔力，就像我们给予孩子时间去玩耍、学习和休息一样，我们也需要给自己时间去思考、恢复和享受生活。自我关爱就是关掉外界嘈杂，给予自己安静的独处时光，让你的心灵得到重生。

在这个过程中，我们也要学会温柔地对待自己的身体。孩子的身体是他们探索世界的工具，我们以爱和关心来保护和维护。同样，我们的身体值得以同样的视角被对待。无论是通过健康的饮食、适度的运动，还是确保充足的休息和放松，爱自己包含了对自己身体的尊重和珍惜。

爱自己，就如同爱你的孩子一样，不是一条轻松的小径，而是一条充满挑战和奖赏的道路。在这条路上，我们将学习到关怀和忍耐的真谛，理解平和的内在力量，拥抱与每一个自我部分的和解。当我们实现这种自我爱慕时，我们不仅能更好地爱自己，还能将更纯粹、更强大的爱传递给那些进入我们生命的每一个灵魂。

让我们尊重和热爱我们的本质，就像我们尊重和热爱我们的孩子那样。当我们的心中涌起这种爱时，我们的生活和我们周围的世界都将被爱的光辉照亮。因为在爱与被爱的这条永恒之路上，我们最珍贵的旅伴，其实一直就是自己。

让我们沿着自我关爱的道路更进一步。爱自己，就像爱你的孩子一样，还意味着要为个人的内在成长和发展投资时间和资源。留给孩子的，不仅仅是表面的关怀和日常的照料，还有深层的教育和个人价值的培养。因此，自我爱护也要求我们勇敢地追求个人的洞察与智慧，勇于向内挖掘，勇于向外拓展，去获取那些能够促进我们精神与心灵成长的知识和体验。

把自己想象成一个永远成长的孩子，不断学习新技能、探索未知领域、挑战自我极限，我们应该给予自己足够的宽容与耐心。犹如我们督促孩子一步步前行，我们也必须自我激励，以进步为目标，无论这进步是学习一门新语言、弹奏乐器，还是简单地学习怎样更好地与他人交流。

自爱也包括学会放手——放手旧有的恐惧、限制和那些不再服务于我们成长的思维模式。就像我们鼓励孩子勇敢地放开手，第一次独自走路，我们也需要鼓励自己放下那些束缚我们的负担。这可能意味着结束一段不健康的关系，改变一条不再滋养我们的职业道路，或是放弃长期以来阻碍我们步伐的恐惧。

纵然自我爱护之旅充满了学习和探索，岁月的沉淀却让每个经历都带有宝贵的教训。像爱你的孩子一样爱自己就是要意识到你的每一个过去时刻，不管是喜剧还是悲剧，都是塑造今天的你的必经阶段。我们从过去的经历中获得力量，理解我们的弱点，庆祝取得的成就，过去的一切都是我们成为现在这个更加明智、更加有爱、更加完整的人的助力。

在这样的自我爱护实践当中，我们学会了更加全面并深刻地认识我们自身。凝视镜中的自己，以同样的爱和赞美看待镜中的我们，就如我们看待自己心爱的孩子一样。我们发现，这样的自我爱护能带来深刻的自我接纳、和解以及持久的内心和平。

让我们铭记，每天和自己相处的时间，都是我们爱自己的机会。当我们以爱之名去面对自己的每一个部分时，我们就在用爱涂抹自己的生活画布，无论这些部分是光明或阴暗。像爱你的孩子一样爱自己吧，让爱成为照亮你内心、引领你走向更宽广人生道路的明灯。通过这样的爱，我们不仅会发现自己变得更加完整，而且会看到这种爱如何影响和提升我们与他人的关系。

像爱你的孩子一样爱自己，这是一段包含深沉思考、内省和变革的旅程。在这段旅程上，我们放大了爱的力量，触及了生命的至深意义。在这个过程中，我们让自己成为最好的朋友、最慈爱的护理和最知心的伴侣。

第五章

看见关系

在你亲自"导+演"的这幕人生大剧中,你是绝对的主角,其他人都是配角。

我是源头，对方只是屏幕

在这个纷繁复杂的世界里，人与人之间的交往仿佛是一场精心编排的舞蹈，每个人都在用自己独特的节奏和步伐舞动。我们每个人都携带着不同的背景、性格和阅历，这些既是我们表达自我的方式，也是我们感知世界的窗口。然而，正是这些差异，使得人际关系变得如此纷繁复杂。

我是源头，并不是自私或自我中心的宣言，而是一种自我意识的觉醒。它要求我们在人与人的交流中，坚守自我感知的核心，把握自身的情感和需求，保持对内心的忠实和诚实。这样的自我核心，是我们在复杂社交网络中导航的罗盘，帮助我们在人海中保持方向，不至于迷失。

将他人视为"屏幕"，则是一种将注意力从被动接受转为主动构建的方式。在这种观点下，我们看待他人的言行，就如同观赏屏幕上的图像一样，可以选择何时观看，何时思考，何时作出反应。这不仅增强了我们对情境的控制感，也使我们能更从容地处理人际互动中的不确定性和压力。

人际关系的艺术，在于这样的平衡——在自我与他人之间搭建一座桥梁，这座桥梁既能承载我们的独特性，也能通向理解和共鸣的彼岸。让自我成为主角，但也不忘将每一个人的故事看作值得尊重和理解的篇章。这样，我们的世界，虽复杂，却也因此而美丽。

事实上，当你对某人或某个事件产生情绪时，不要把情绪放在有问题的人身上或有问题的事件上。记住你是源头，所以不要将注意力移动到对方那里，而是要将注意力放到源头，看见自己。当你感到愤怒时，不要外化你的愤怒，看见愤怒的来源，不要去关注对方。完全忘记对方，你只需要看见自己内心生起的愤怒能量，深入内心寻找并看见它的来源。当你找到源头的那一刻，保持看见。

不要在冲动时做任何决定。同样的道理，当你有不良情绪的时候，不要做任何事情。比如你很愤怒，如果你表达，你是在愤怒地做某件事；如果你压抑，你也是在愤怒地做某件事。请不要带着愤怒做任何事。只要看见它，深入了解它，就会知道这是从哪里产生的。而当你找到源头的那一刻，你很容易将注意力集中在那里。愤怒必须被用作寻找根源的途径。

当你压抑愤怒时，你将无法找到源头，你只是在与已经出现并想要表达的能量作斗争。你可以压制它,但它迟早会被表达出来,因为你不能永远与已经出现的客观能量抗争。能量是守恒的,它必须被表达出来。所以你可能不会在 A 上表现出来,但是你会在 B 或 C 上表现出来。当你找到比你弱小的人时,你就会表现出能量。除非你表达出来,否则你就会感到负担、紧张、沉重和不自在。你不能持续压制它,它迟早会从某个地方发泄出来,因为如果它不发泄出来,您就会不断为它担心。所以压制其实就是推迟表达。你只能推迟,但终会表达。

今天老板情绪欠佳,你不幸撞在了枪口上,收获一顿臭骂。你的愤怒或委屈瞬时被点燃了,你本能地想爆发。但你无法表达,因为你不想被开除。你是成年人,你忍了。你不得不把它推迟下去,等到你能在你的妻子、你的孩子或其他地方来表达它。当你到家的那一刻,你就会表达出来。当然,你会找个"由头",因为人是一种会思考、会甩锅的理性动物。你会合理化你的行为,仿佛你此刻的发怒是合理的、正当的。其实你是在"迁怒"。

"迁怒"是最无能的表现,说明你只能欺负弱小。

"迁怒"是最可怕的表现,因为被迁怒者无辜。

所以,不能"迁怒"。

那么该怎么办?我们仿佛只有两种办法:要么发泄出来,要么压抑着。

第一种方法,你发泄愤怒。当遇到特定的事件,你的愤怒被瞬间激发和点燃,你愤怒地指责,愤怒地表达,血压飙升,声音尖厉。那一刻,你失去理智,愤怒像魔鬼一般完全控制了你,甚至转化为激烈的肢体冲突和行为伤害。例如，有家长会因为辅导功课，而陷入极度愤怒，拍桌子、打孩子。这说明，发泄愤怒并不可取，不仅没有解决问题，还给我们带来伤害和悔恨。

第二种方法，你压抑愤怒。你信仰和气，遇事能忍则忍。于是，你压抑一整天的怒气，压抑整月的怒气，一整年的怒气，以及你一生的怒气，然后是众生的怒气，都被压抑在体内。这时候有两种可能性，一种是怒气就被压抑在那里，它随时可能爆发。你坐在维苏威火山上——它随时都会爆发。你甚至变得非常害怕，每一刻都是内心的挣扎。另一种是表面平静如水，天长日久的压抑会致病，各种器质性病变。这体现了意识反作用于物质的原理。

心理学家可能会说，发泄总比压抑好。其实不然，你发泄，你是在伤害他人，也是在伤害自己。你压抑，你是在伤害自己，总有一天你会伤害别人。

所以请记住：我是源头，对方只是一个屏幕，只是我投射情绪的屏幕。我爱他，我是源头，他是屏幕。我恨他，我是源头，他是屏幕。因此，请务必看见自己，忽视对方。

爱恨情仇、喜怒哀乐都是你的情绪，是你的能量。每当你的情绪启动时，请快速看见，并移动到源头，使能量回落到源头并变得无形。然后你会感觉到能量——生命能量。每一种能量都来自源头，你带着这些已经出现的能量寻找源头，这条寻找的路很温暖。而当你到达源头的那一刻，能量就会消融到原始源头。这不是压抑：能量已经回到了最初的源头。当你能够将你的能量与源头重新融合时，你就成了你的身体、你的思想、你的能量的真

我是源头，对方只是屏幕

正主人。你已经成了主人，你就不会耗散你的能量。

一旦你知道能量是如何随着你回落到源头的，就不需要任何压抑，也不需要任何发泄。现在你没有生气。我说了些什么——你会生气。这种能量从哪里来？片刻之前你没有生气，但能量在你身上。如果这股能量能再次回落到源头，你就会和刚才一样。

因此，能量既不是愤怒，也不是爱，不是恨。能量就是能量，它是客观中性的。同样的能量可以变成愤怒，同样的能量可以变成爱，同样的能量可以变成恨。这些都是同一种能量的形式。你给予形式，你的思想给予形式，能量注入其中。这些能量仿佛是电力，电力可以用来点亮房间，可以用来转动风扇，可以用来播放电视，可以用来驱动电动车，只是表现形式不一样。电力很珍贵，你的能量很珍贵，不要浪费它，用它做更有意义的事情。

永远不要对情绪本身做任何事情，只需要看见它，目送它回到源头。一旦你找到了如何将能量倒回源头的关键，你就会拥有不同的个性品质，你就不会毫无意义地消散任何能量，它很珍贵。

月亮与六便士

在短片《苍蝇一分钟的生命》中，导演用四分钟的时间为我们描绘了一只苍蝇匆忙的一生。通过短片，我们见证了一个奇特的悖论：一生的飞翔与挣扎，竟是为了完成另一个存在的未竟梦想。这样的叙事，像是对现实世界里很多人生境遇的一种隐喻——我们中的许多人，同样是在他人的梦想清单中探寻自我的价值与方向。

影片中的苍蝇，从诞生至逝去的每一刻，都在不停地追逐另一只苍蝇所遗下的使命。它不问为什么，只是本能地、不懈地去执行那些被规定好的任务。它的眼中没有景色，心中没有自己，只有前辈的梦想清单，这样的生命，悲凉而又悲哀。

令人动容的是，短片通过一只看似微不足道的苍蝇，侧面反映了我们自身的困顿。在现实生活中,人们往往陷入了他人的期望与社会的要求之中,很少会有机会去静下心来看见自己。要认识自己,了解自己需要什么,以及自己应该做什么,是一场深入灵魂的旅途,也是一个终生的难题。

影片采用朴实无华的动画风格,透过苍蝇那绝望而坚定的眼神,我们看见自己的投影。很多时候,我们好像看不到自己,迷失在这杂乱无章的世界。在不断地追逐与完成中,我们渐渐忘记,那些完成的任务,究竟是不是自己内心真正渴望的。

这不仅是对个体存在的反思,也是对自我发展的深刻揭示。我们不禁问自己:"若不是生而为自己,我们又是为了谁而活?"或许,就像片中的苍蝇一样,我们亦在无休止的追赶中,渐渐遗忘了探索自我,寻找生活真正意义的路途。

这个世界错综复杂,我们每个人都是一团行走的迷雾,试图在他人的期望、社会的规范和自我实现之间寻找平衡。我们渴望被理解,被认识,更重要的是,我们要看见真正的自己。现实生活中,有时我们真的像那只苍蝇一样,不知不觉地困于一个由他人构建的梦想清单之中。

看见自己的过程是内省的,是艰难的,也是必要的。它是一次深入灵魂的旅行,该旅行没有明确的路线图,每一步都充满了未知。我们试图揭开层层面纱,逐步去除那些不属于自己的标签,摒弃那些不真实的面具。这是一个向内探索的过程,我们需要勇气去面对自己的不完美,需要智慧去理解自己的欲望,需要决心去追寻自己的梦想。

看见自己并非一件简单的事。这意味着要抛开那些早已根深蒂固的对自我价值的偏见，超越那些限制自我探索与成长的障碍。《苍蝇一分钟的生命》提醒我们，即便是再短暂的一生，也有其独特的价值与意义。没有哪个生命是生来就为了充当别人生命任务的延续。我们每个人都有自己的使命，我们的选择和行动构成了自我故事的独特篇章。

我们要敢于质疑，敢于梦想，敢于追求真实的自己。在别人的声音中找到自己的旋律，是我们每个人终生的努力。我们不仅要学会如何说出自己的需求，更要学会怎么去理解和倾听内心深处的声音。当我们开始认同自己内在的价值、接受自我的局限，并为之努力改变时，我们就能更加真诚地看见自己。

看见自己，也是一种自我释放。它让我们摆脱成为他人生命设定的命运牢笼，给予自己一个重新定义生命的机会。在了解自己的欲望、恐惧、喜悦和愿望之后，我们才能更加清晰地规划我们的生命轨迹，走自己选择的路，过自己想要的生活。

关于看见自己和忠于自我意义的极端典范是《月亮与六便士》。小说由英国小说家威廉·萨默塞特·毛姆创作。它通过一个常人难以接受的故事试图揭示，生命真正重要的，不会是别人给予的，也不会是社会强加的，而是那个来自内心深处的声音，那个关于自我实现的悸动。

在书中，我们遇见了查尔斯·斯特里克兰德——一个勇敢面对自我的人。他是一个普通的股票经纪人，过着社会定义的体面生活：有家庭、有职业、有名誉。可是，他看见了自己内心深处的呼唤——绘画，他没有忽视它，也没有选择忽视它，正是这种看见，使他变得如此不同。

查尔斯的抉择分外震撼，他放弃了那个几乎每个人都在追逐的"六便士"，而投身于只有月亮的世界。他不是无所谓于物质与安宁，而是更加重视那难以名状的灵魂激情。这是对自我的极致忠诚，是对心中火焰的绝对效忠。他的生活轨迹，在外人看来，显得那么令人痴迷而又痛苦——对浪漫的艺术家梦想的无畏追求是可悲的，还是值得羡慕的？

正是这份难以企及的忠诚，使得查尔斯在我们眼中变得如此宝贵。我们中的许多人生活成别人眼中的模样，穿戴着那些看起来昂贵却不属于我们的标签。多少人曾在生活的十字路口上徘徊，犹豫着该选择内心的呼唤还是外在的期待？多少人曾在夜深人静时刻，对着月光低语，却在黎明到来时再次戴上面具？多少人曾梦想着彻夜长谈，只与自己的灵魂为伍？

然而，在《月亮与六便士》中，查尔斯·斯特里克兰德所做的不仅是反抗，更是一种敬畏。他看见并敬畏自己的感受，相信并追随自己的直觉和愿望。他是自由的，不仅因为他摒弃了世俗的锁链，更因为他突破了自我。

我们或许无法完全模仿查尔斯的生活，但我们可以向他学习。我们可以试图在日常的忙碌与喧嚣中找到一片属于自己的静谧空间，去深深看见、感知并了解自己。我们要敢于透过外界赋予的多重标签，去探索真正的自我。我们要学会倾听内心的声音，无论它是轻柔细语还是激昂高亢。

毫无疑问，《月亮与六便士》是一部心灵之作，它不仅是查尔斯·斯特里克兰德的故事，更是我们每一个人自我探索的旅程。在这个旅程上，只有当我们真正看见自己、了解自己并忠于自己时，我们才能找到属于自己的月亮——那份永恒而纯粹的热爱和追求。

在寻找内心月亮的征程中，查尔斯成了一个标志，一个光芒万丈的榜样，他不仅仅启发了我们对生活的认识，更深层地触动了我们对生命真谛的渴望。他的故事如同一幅幅从心底挥洒开来的画作，跨越了视觉的界限，渗透进灵魂的隙缝，唤醒被世俗尘封的自我。

在现实的纷扰中，我们常常迷失，我们为生存奔波，却忘记了生活的本味。我们心怀着梦想，却往往在现实的压力面前低头。查尔斯借他那决绝的行动告诫我们：生命不应当只是一连串呼吸的重复，也不该是日复一日的机械生存。生命，应该是对内在呼唤的不懈追求，是心中的火焰点燃现实的灯笼。

查尔斯的艺术之路遥远而孤独，他以一种近乎残酷的方式抛弃了传统意义上的家庭和责任，这种放弃绝不是轻率的选择，而是内心深刻的认知。他的绘画，那些粗糙而充满力量的线条，不羁的色彩斑斓，仿佛讲述着他对传统束缚的摧毁以及对自我灵魂的重新塑造。

查尔斯并未寻求理解或同情，他不为任何人的眼光所动，只为内心的声音所引导。他显示给我们的，不是一条轻松的道路，而是一种生存的态度：对自己的忠诚，对梦想的忠诚。或许这其中充满了牺牲，但对于查尔斯来说，这犹如一种解脱——解脱于

每个人都有心中的月亮

平庸的枷锁，解脱于不对外境的迁就。

我们每一个人，都是生命画布上的画家。我们握着命运的画笔，面对空白的未来，有的人或许选择了绘制广受认可的风景，有的人或许选择按部就班地描绘传统的肖像。而查尔斯，却选择了绘出独属于自己的、原创的作品。他不畏惧荆棘，不畏惧孤独，只畏惧从未真正生活过。

作为我们的镜子，查尔斯·斯特里克兰德的形象在《月亮与六便士》中越发明晰，越发珍贵。他对我们来说，就像是月亮之光照进阴暗角落，映出我们内心的渴望，触摸我们灵魂的边缘。他教会我们勇气，教会我们自省，更重要的是教会我们诚实。诚实地面对自己，面对我们的梦想、欲望以及内在的叫唤。

究竟，我们的月亮在何方？可能在漫长的人生路上，我们仍在摸索。但只要我们像查尔斯一样，鼓起勇气去寻找，去倾听内心最真挚的声音，我们也将拥抱属于自己的那一片天空。无论结果如何，这样的追求本身就是最珍贵的艺术——生命原本就是一个漫长而美丽的创作过程。

温柔而坚定的旁观者家长

不辅导作业母慈子孝，一辅导作业就鸡飞狗跳。这一场景在很多家庭都不陌生。自恢复高考以来，1960年前后出生的人通过受教育、拿学历基本可以改变命运。"70后""80后"也通过教育获得了较优越的工作和生活。所以，这一代的孩子家长普遍希望复刻自己的成功经验。你总觉得在辅导作业的时候，你的情绪完全不受控制，孩子的一些行为像是触动了你的愤怒开关。

我曾经也是辅导作业"吼孩子"大军中的一员，直到在一个静谧的夜晚，我独自坐在暗淡的灯光下，翻阅着《汤姆叔叔的小屋》这本经久不衰的作品，突然意识到，惩罚达不到管理的目的，只有爱可以。在哈里特·比彻·斯托（斯托夫人）的叙述中，那段黑暗的历史仿佛变得触手可及，一幅幅生动的场景如电影般在心头浮现，让人不禁联想到今天许多家庭中正在发生的教育场景。

奴隶们面临的惩罚升级，书中描述得淋漓尽致。每一次肉体上的折磨都无法获得预期效果，每一道疤痕都是主人对完全控制的渴望与失败的见证。而这种失败，并不只限于那个时代，它超越历史的长河，也体现在部分现代家庭的教育方法中。

联想一个家庭中的情景：一位父亲发现他的孩子放学后没有直接回家，而是去了朋友家玩耍，违反了规定。出于担心与不满，他提高了声音，斥责了孩子，并没收了他的电子玩具。但是，孩子又犯同样的错，父亲的惩罚升级，变得更加严厉。随着时间的流逝，孩子开始躲避父亲，心中恐惧增长，沟通的桥梁渐渐崩裂。

惩罚，这个词本应是纠错过程的一部分，彼时却成了伤害与误解的同义词。每一个小孩都是一个拥有独立思想与感受的个体，惩罚的升级不会带来对行为的深思，反而可能埋下心灵的创伤和抵触情绪。这些负面情绪，就像是森林之中的野火，虽不能立即将大树摧毁，却渐渐焚烧着树木的生机。

长此以往，恐惧与不信任成为家庭氛围中的常客。如同《汤姆叔叔的小屋》中的黑奴，受惩罚的孩子学会的可能并不是反省并采取正确行为，而是更多的逃避和作假。他们可能在受惩罚时保持沉默，但在内心深处却酝酿着对权威的质疑与对自我的不确定。

作为家长，我们应从斯托夫人笔下的那段历史中吸取教训，理解一个简单而深刻的道理：爱比惩罚更有力量。家庭教育的真谛，在于用理解取代惩罚，用对话开启心扉，用关心种下爱的种子。这样的教育不仅能培养孩子的自律与责任感，也能促进亲子间的信任与尊重。经由这样的土壤滋养，孩子能像健康的树苗一样，朝着阳光自由地成长，而不是依附在裹挟着他们的冷硬枷锁下。

《汤姆叔叔的小屋》给予我们的，不单是对于一个时代的回溯，更是对于如何爱、如何教育的深刻启示。愿所有的父母都能在这片教育的田野上，成为那位智慧的园丁，温柔而坚定地指引着孩子们茁壮成长，共同构筑一个充满爱与理解的家庭。

在现代社会中，成为父母是一场融合爱与责任的复杂旅程。随着时代的变迁，今日之父母面临着先前未曾遇见的挑战和期望。然而，在育儿过程中经常出现的发怒场景，蕴藏着远比显而易见的行为问题更深层的焦虑与挣扎。这些父母心中的暗流往往缘于对孩子未来的忧虑、对社会阶层下滑的恐慌，甚至是由个人经历和思维定式深深根植的恐惧。

以进化心理学的视角观之，生物本能地追求生存与繁衍，这使得人类历来都对子嗣的成功和福祉极为关注。父母的担心不仅仅是因为孩子的一时之错，更关乎对未来可能带来的长远后果。他们在缜密的心思下，往往会对孩子进行比较严厉的施育，试图以此确保孩子能有一个更好的起点，以免在残酷竞争的社会中落后。

请想象一位父亲，他的工作是从早忙到晚，不仅要保持职场的角逐，还必须确保家庭经济的稳定。在他的心目中，教育成了孩子逃离贫穷、获得社会地位的唯一道路。因此，每当他看到孩子的成绩单没有体现出优异的成绩，或是孩子沉溺游戏不肯努力

汤姆叔叔的小屋

学习时，他眉头紧锁，内心升起一股恐慌——这不仅是对孩子的失望，更是对未来可能发生的一系列负向结果的预见。这位父亲的焦虑，实际上是对孩子和自身期望的落差所引发的情绪反应，是深植于内心的生存本能在现代社会中的体现。

此外，父母的个人经验也在无形中塑造了他们对教养的观念。一个于贫穷中长大且通过自身奋斗有所成就的母亲，可能会偏爱物质成就，希望孩子通过努力学习和工作能够拥有一个更加优渥的未来。她的关切源自一种恐惧——害怕孩子重复她童年时的困境或经历相同的辛酸。

面对孩子的错误或过失，这种情绪背后的深层忧虑会驱使父母采取激烈的应对措施。他们的发怒，是对孩子所承载的期望中潜在的失望，是对一系列复杂生存压力的一种宣泄。而在因孩子而扩大的焦虑情绪背后，反映了一种本能的守护机制——他们希望将孩子守护在安全的港湾，引导他们走向顺遂的人生道路。

然而，这些因恐惧和焦虑激发出的行为并不总是正确的教育方法。面对现实的父母亟须看见并理解自己焦虑或愤怒的根源。事实上，沟通比惩罚更为重要。与孩子建立温和的对话桥梁，深入探讨他们的需求与梦想，共同定下合适的目标，无疑能够更好地培养孩子并减轻父母的心理负担。

每个孩子都是独一无二的个体，他们的道路同样独特。作为父母，摒弃焦虑与恐慌，为孩子营造一个充满爱和理解的环境，才能真正引导他们走向美好的未来。我们的孩子需要的不是因频繁发怒而失去的父母，而是能够陪伴他们成长、共同探索世界的指路人。在这样的氛围中，父母和孩子将携手共进，共同构建一段美丽的人生旅程。

成为一个"旁观者"的家长，似乎与我们内心深处对养育的直觉相悖，然而，在孩子的教育和成长道路上，家长恰恰可以利用旁观者的角色，为孩子带来不一样的启发和支持。家长不是指挥官，也不是裁判，而更像是一位智慧的指导者，时刻准备着在关键时刻为孩子提供合适的支持。

家长作为旁观者的好处是多方面的。作为一个客观的旁观者，家长可以更冷静、理性地评估问题，从而提供给孩子平衡的视角和解决问题的建议。在家长的演绎中，有着细致的观察和深入的洞察，能够识别孩子的真实需求和内在潜力，而不是简单地满足即刻的欲望或施加外在的期望。

如何才能成为成功的"旁观者"家长。首先，必须学会及时看见，控制我们作为家长的本能反应。当孩子出现问题时，家长应当首先看见自己的情绪和反应，试着理解整个情景，代入各个角色的立场，而后再给出建议或意见。这种超脱的做法，能夺回从冲动中易失去的理智。其次，要培养强大的倾听能力。家长不应只是在场的听众，而是要成为一个积极的、专注的倾听者。通过倾听，家长可以进一步了解孩子的想法和感受，从而更好地提供适宜的指导和支持。

家长需要明白孩子犯错是自然而然的成长过程。这时，家长则是辅助孩子从错误中学习的伙伴，提供合适的资源和指导，协助他们理解错误，鼓励他们摆脱困境，而不是简单责备。家长还可以借由提问题而非提供答案来激发孩子的思考。通过提问，家长其实是在教会孩子自行解决问题的技巧，而不是依赖他人给出的直接答案。此外，家长应当营造一个鼓励试错的环境，孩子才能自由地尝试、犯错，并从经历中学习。在这个环境里，家长的角色是指出可能的风险，同时也肯定探索精神的价值。

为了持续作为一个有效的旁观者，家长需要承认自身的局限，并且愿意接受学习。这意味着要向专业人员寻求意见，或者与其他家长交流育儿经验。不断学习将助力家长更好地理解孩子，更加从容不迫地协助他们解决问题。

总之，一个"旁观者"的家长其实拥有着慧眼，看到了孩子成长道路上的各种可能，并用智慧的双手轻轻引领，而不是紧紧控制。在这份关系里，沟通是桥梁，尊重是基石，而爱是万丈光芒，照亮孩子通往未来的道路。让我们成为那个在幕后默默付出，在孩子需要时又能适时跃入前台的家长，陪伴他们在人生广阔的舞台上灿烂绽放。

世界复杂多变，健康的亲子关系如同最和煦的阳光，抚慰着每一个家庭成员的心灵。这种关系的核心特征包括深厚的信任、无条件的爱、有效的沟通、真诚的尊重和坚实的支持。当孩子知道父母就是那个安全的避风港，他们便能自信地扬帆在生命的大海中启航探索。

忌妒是一场独角戏

虚构故事，如有雷同，纯属巧合。在金融街的一栋玻璃塔楼内，我和霍华德并肩坐在充满活力的开放式交易厅中。我们的交易屏幕上闪烁着无数绿色和红色的字符，犹如一群忙碌的蚂蚁，在股票市场的密林中奔波。霍华德不仅是我的同事，更是在这座铁石心肠的都市里，我所能称为"兄弟"的少数人之一。我们共享着午餐时的笑谈，分担着压力山大时的焦虑，甚至互相为对方的生日精心策划了惊喜。

但是，这种情谊的纹理在一丝不经意间被撕扯了。霍华德的升职消息就像一匹疾驰的骏马，在我准备庆祝之前便已扬长而去。他被提拔为资深分析师，这一职位我也曾暗自渴望。

刚开始，我真诚地向他表示祝贺，甚至带头组织了团队的庆祝活动。然而，在那个灯火阑珊的夜晚，我离开了聚光灯下的霍华德，独自坐回我的位置，感觉到一种难以名状的沉重，它就像一团阴沉的云雾，潜伏在我的心头。

每次我看到霍华德得体的西装和被新职位加冕的辉煌，忌妒这个隐秘的小偷就会窃取我心中的宁静，替之以酸楚。我开始在思绪的荒野中游荡，把自己和他进行比较，在无形中伤害了自己的自尊。他的成功就像是对我的不足的响亮巴掌，每一次回响都在我心中激起涟漪。忌妒使我的内心变得扭曲，淡化我们之间的交流，忌妒情绪始终挥之不去。

忌妒，是人类情感的一道复杂交响曲，旋律中包含着对比、竞争和自我认知的交织。它根植于深沉的心理学原理，是人类社会关系发展过程中的副产品。从心理学的角度来看，忌妒是一种普遍的情感体验，源自对他人拥有而自己所缺少的东西的渴望，通常那些东西与个人的自尊和自我价值感紧密相关。

首先，忌妒起源于对等性的比较。人们天生会将自己与旁人对照，以此来评估自己的社会地位和成就。在这种比较中，感知到自身在重要属性上的劣势时，人就会产生失落和不安的情绪，这种不平衡触发了忌妒的感觉。如同受挫的孩童面对拥有更多糖果的伙伴难以平静，成人亦会对那些看似拥有更多资源——无论是物质的还是情感的——的人产生忌妒心理。

其次，忌妒与个体的自尊心和自我形象密切相关。每个人都希望被认为是成功的、有价值的，因此，当他人获得的成就显得比自己更辉煌时，个体可能会感受到自我价值的威胁。忌妒就像一面扭曲的镜子，映射出人内心深处的不安全感。它悄然折射出自我怀疑的光影，深化了对自身地位的恐惧和不确定。

人们的自我感知和目标导向行为也是忌妒情绪的肇因之一。我们拥有生命蓝图中的愿景和目标，当看到他人达成了与我们相似的目标，而自己却还在追逐的途中时，这种不相称的进展感便可能引发忌妒。它犹如一场内心的风暴，让人在达成愿望的迫切性与能力的局限性之间挣扎。

我们还必须看到，忌妒和恐惧紧密缠绕。这种恐惧源自对失去既有资源或身份的担忧。例如在职场中，忌妒不仅是对职位或薪酬的渴求，有时更是对失去这些职场利益导致的社会地位下滑的恐惧。

因此，忌妒是一种情感上的矛盾，既是力量，也是弱点。它在不断提醒我们对自我价值的考量，以及如何在人生的广阔舞台上定位自己。忌妒能够成为推动我们成长的催化剂，但如果放任它无休止地逞能，忌妒也有可能演变为毁灭自我的力量。在忌妒的心理交响乐中，能否引领出协调的乐章，取决于我们是否能在看见它的同时也洞悉其中的机遇和挑战。

要平衡和化解忌妒的心理，首先需要个体进行自我反省，清晰看见自己的忌妒情绪。通过增强自我意识，我们可以识别和理解忌妒的根源。其实，忌妒自始至终都是一个人的独角戏，所以从忌妒对象上收回自己的目光和精力，才能有策略地调整自己的情感反应和行动。

其次，对自己的温柔体谅是化解忌妒的重要一环。通过自我同理，我们可以接纳自己的不完美，理解自己感到忌妒的原因，并且从中感悟到我们对成功与认可的向往。这份渴求并非可耻，而是驱动我们前行的力量。通过对自己的深刻理解，我们能够看到忌妒背后隐藏的愿望，并将其视为自我成长的动力。

学习欣赏他人的成功是一种重要的心理调适方式。看到他人的成就，我们可以尝试将忌妒转化为启发和学习的机会。思考他人的成功背后的努力和承受的挑战能够帮助我们更客观地看待自己和他人的成果，并从中汲取经验和技能，以便于在将来能够实现个人的目标。

此外，设立个人目标并聚焦于自身的成长也是缓解忌妒的有效途径。当我们专注于自己的内心建设、自己的道路，致力于提高个人能力，我们便少有时间和精力去过度关注别人，去对他人的成就垂涎三尺。我们的精力被用于自我提升和追求更高品质的生活，而不是被消耗在无果的比较和嫉妒中。与其临渊羡鱼，不如退而结网。

忌妒之所以值得我们深思熟虑，是因为它让我们不得不面对人性中既复杂又微妙的一面。它反映出我们对自身价值的不确定感，同时也提示我们在生活中可能存在亟待满足的需求和未被抓住的机遇。它揭露出心灵深处对更高层次满足的渴望，譬如对于成就、尊重以及自我实现的追求。

忌妒不仅是一部内心的戏剧，更是一次个人成长的机会。通过内省、学习以及目标设定，人们可以将忌妒的能量转换为积极的生命力量，不断推动自我超越，最终达到个人及职业生涯的丰硕成果。

第六章

看见爱情

人与人之间产生友情或者爱情,是由于被看见,所以在哈萨克语中,我喜欢你意思就是,我清楚地看见你。

——《我的阿勒泰》

爱而不失己　情深且自知

爱情，是上天赐给人类最美的礼物。如果要说什么最能够给人带来惊涛骇浪的情绪起伏，爱情应该排在第一位。

情窦初开时，我们开始探索两性的关系。我们会读到一些关于爱情的作品，一些字眼都足以让我们面红耳赤、心惊肉跳。当我们跨过男女互厌的幼年时期，逐渐长大，开始对异性萌生好奇和喜爱。女生开始注重穿衣打扮，男生开始展示才智和力量。爱情激发的情绪会笼罩着少男少女，很多成熟之后觉得稀松平常的事儿，在此时看来都像是飓风扫过山岗，会带来难以化解的心结和伤害。

在爱情之花的极致绽放下，也藏匿着一种微妙的忧伤：当我们过于沉迷于那份炽烈的情感时，是否会无意间迷失了自己？

看见爱情，更要看见自己。我们保持着一份清醒的自觉，爱情才能绽放它最美丽的芳华。我们都值得拥有这样一段旅程——爱而不失己，情深且自知。

"爱而不失己"这句话正如一盏古老的灯塔，照亮爱的海域中隐蔽的暗礁。它提醒我们，在为情所动、为爱所困的时候，同时须守护内心那个微小却坚定的声音，不要让爱情的巨浪吞噬了自我的存在。爱，应是两颗星辰彼此绕转，共同照亮夜空，而非一方的消融与另一方的膨胀。

"情深且自知"，便是在激烈的爱恋中，并未丢失认知自我价值的能力。我们深知，任何过度的付出或让步，即使出于再美好的初衷，最终都可能导致自我价值的丧失。完整的我们，才能够成就更加美好、健康的爱情，才能让相爱成为共同成长的旅程。

在爱之深处把握住自我，意味着你要明白，尽管对方的光芒似乎能够占据你的全部天际，但唯有拥有自己独立的光源，你才不至于在无边的夜中迷失方向。

美好的爱情，需要两个独立而强大的个体彼此滋养，相互成就。它应当是一种在各自的土壤里绽放，却又能彼此携手同行的关系。在爱的世界里，最美的风景不只是并肩的步履，更在于彼此间允许存在空间和尊重，让每一次相遇都鲜活如初。

情，可以深如海洋，但自知，却必须像星辰一样清晰、明确。理解到这一点，我们便会更加珍惜那份能够在保持自我独立的同时，又能深情相守的爱。在这样的恋歌里，既不会有主宰，也不会有屈从，只有真挚、和谐的共鸣，让两个灵魂在保持自己完整的同时，依然能够和谐地交汇。

爱而不失己，情深且自知。而在这样一个看似简单的底线前，我们需停下脚步，反思是否曾在爱海之中迷失自我，是否能够摒弃盲目与执着，学会在热烈的激情之外，为自己点亮一盏独立自主的光明。这份对自我的坚持，并非自私，反而是对爱的敬畏；这是一种更高层次上的担当和智慧，让两颗心在热烈的交融中，依然守护着各自的光芒。

在热烈与沉醉之间，保持那明晰的界限。让我们不为瞬间的冲动迷失方向，不为情绪的波动牵引步伐。爱，应是温暖的避风港湾，并肩同行，而不是盲目的牺牲和忘我。

爱的智慧，在于辨识，而不是放任。爱的勇气，在于将心门对着阳光，就算风雨兼程。每一份情感，都应该建立在理解、尊重与成长的肥沃土壤之上。这才是爱情中应有的永恒模样，光影交错中，我们始终能够看清，并相依相随。

简·爱：看见，就幸福

《简·爱》这本书是每一位超过 12 岁女生的必读书目，1847 年首次出版，虽然时光已经飞过 170 多年，但简·爱身上具备的意志坚强、勇敢独立、敢爱敢恨仍然值得我们学习。简·爱可以说是文学史上最值得每一位女生借鉴和学习的角色，而且她不像其他文学著作中的女主——往往出身高贵，禀绝世容貌，性格温柔善良，琴棋书画样样精通——这一角色非常接地气，像一个个平凡的你和我。作为出身平凡、长相普通、天赋平平的我们，有更强的代入感，能更好地学以致用，过上更幸福快乐的生活。

简·爱出生于一个穷牧师家庭，不久父母相继去世。幼小的简·爱寄养在舅父母家盖茨海德府。舅父里德先生去世后，舅母里德太太把她视作眼中钉，并把她和自己的孩子隔离开来。简·爱过了10年备受歧视和虐待的生活。在又一次受到舅母儿子约翰·里德的欺凌之后，她忍无可忍，激烈反抗欺凌。从此，她与舅母的对抗更加公开和坚决。简·爱被送进了洛伍德义塾。

洛伍德义塾教规严厉，生活艰苦，简·爱在洛伍德义塾继续受到精神和肉体上的摧残。由于恶劣的生活条件，一次瘟疫导致大量的死亡，简·爱最好的朋友海伦患肺结核去世。情况被曝光后，洛伍德义塾有了极大的改善。简·爱在新的环境下接受了6年的教育，并在这所学校任教两年。由于之前一直为简·爱提供呵护的玛丽亚·谭波儿小姐的离开，简·爱厌倦了洛伍德义塾里的生活，登广告谋求家庭教师的职业。桑菲尔德庄园的女管家费尔法克斯太太聘用了她。庄园的男主人爱德华·罗切斯特经常在外旅行。她的学生是一个不到10岁的女孩阿黛拉，罗切斯特是她的保护人。

一天黄昏，简·爱外出散步，邂逅刚从国外归来的主人，这是他们第一次见面。以后她发现她的主人是一个性格忧郁、喜怒无常的人，对她的态度也是时好时坏。整幢房子沉郁空旷，有时还会听到一种令人毛骨悚然的奇怪笑声。一天，简·爱在睡梦中被这种笑声惊醒，发现罗切斯特的房间着了火，简·爱叫醒他并帮助他扑灭了火。

罗切斯特回来后经常举行家宴。在一次家宴上向一位名叫布兰奇·英格拉姆的漂亮小姐大献殷勤，简·爱被召进客厅，却受到布兰奇母女的冷遇，她忍受屈辱，离开客厅。此时，她已经爱上了罗切斯特。其实罗切斯特也已经爱上了简·爱，他只是想试探简·爱对自己的爱情。

很快,罗切斯特向简·爱求婚。她答应了他。

在婚礼前夜,简·爱在朦胧中看到一个面目可憎的女人,在镜前披戴她的婚纱。第二天,当婚礼在教堂悄然进行时,突然有人出证:罗切斯特先生15年前已经结婚。他的妻子原来就是那奇怪笑声的来源,被关在三楼密室里的疯女人伯莎·梅森。法律阻碍了他们的爱情。今天这婚啊,是结不了了!

此时,简·爱面临两个选择。一是服从罗切斯特的安排,离开这个伤心地,前往法国南部、地中海岸边的一幢拥有梦幻雪白外墙的别墅,成为名副其实的罗切斯特太太,和所爱之人过上幸福、温暖和无忧无虑的贵妇人生活,这是飘零半生、孤苦无依的简·爱最本能的向往。

二是正视罗切斯特太太还活着的事实,拒绝成为罗切斯特的情妇。那就必须离开桑菲尔德庄园,重新找一份谋生的工作,把自己推向没有保障、充满不确定性、没有爱人陪伴的痛苦境地,至少在最近的一段时间是极其痛苦的。

小说向我们展现了简·爱的"看见"所发挥的巨大作用。尽管她伤心恐惧,一度被突如其来的情绪裹挟,但她没有崩溃痛苦,没有大吵大闹,相反,她很冷静地"看见"不幸的事情发生。发生了的事情是无法改变的,尽管这让她十分痛苦。她冷静地回到自己的房间,关上门,复盘之后,也清晰地看见了面前的两条路。她知道,她必须选择第二条,尽管一想到离开罗切斯特,她就痛彻心扉。她看着这心碎的感觉,并没有让感觉绑架自己的理性选

简·爱：看见，就幸福

择，最终，她在一个大家都还没起床的清晨离开了。

在寻找新的生活出路的途中，简·爱风餐露宿，沿途乞讨，历尽磨难，流浪了四天后在沼泽山庄被牧师圣约翰收留，并在当地一所小学校任教。后来，她听从心的呼唤，回到桑菲尔德庄园，那座宅子已成废墟，疯女人放火后坠楼身亡，罗切斯特也受伤致残。简·爱找到他并大受震动，最终和他结了婚。再后来，罗切斯特在伦敦医好了一只眼睛，和简·爱生下了一个男孩。他们得到了自己理想的幸福生活。

在夏洛蒂·勃朗特的《简·爱》中，爱情的道路从不平坦，它充满了曲折与考验。简·爱是一个卑微的孤女，却拥有睿智而独立的灵魂。她的爱情旅程，恰恰向我们展示了在坎坷的情感之路上，保持清醒头脑地"看见"的重要性。

《简·爱》教会我们，真正的爱情并不是一味地自我牺牲，也不是一时的盲目和冲动，更不是本能欲望的满足。它是在深刻的相知相许之后，两个独立个体间理性与情感的和谐共舞。保持清醒的头脑，让理性为爱情保驾护航。最终，即使山崩海啸、世事变幻，我们也能从这颠簸中收获属于自己的那份真挚而甜蜜的爱情。

安娜：看不见，被七情六欲之蛇缠绕

  典型的反面例子则是经典《安娜·卡列尼娜》。安娜·卡列尼娜出身贵族，气质高雅，风度迷人，是彼得堡社交界著名的美人。她 16 岁时由姑母撮合嫁给了比她大 20 岁的卡列宁。卡列宁在政府部门担任要职，醉心于功名，孜孜于公务，是一台十足的官僚机器。他生性古板，毫无生活情趣，也不知爱情为何物。年轻、热情、生气勃勃的安娜与卡列宁结婚 8 年多，在死气沉沉的家庭里备受压抑。

  安娜为调解兄嫂矛盾，从彼得堡赶到莫斯科。在莫斯科火车站，安娜与"彼得堡的花花公子"渥伦斯基相遇。两人不自觉地同时注视了对方一眼，在那短促的一瞥中，渥伦斯基已经注意到了有一股被压抑的生气在她的脸上流露，在她那亮晶晶的眼睛和把她的朱唇弄弯曲了的轻微的笑容之间掠过。她故意地竭力隐藏住她眼睛里的光辉,但它却违反她的意志在隐约可辨的微笑里闪烁着。此时,安娜已经被突如其来的如电闪雷鸣般的激情击中。如果这时安娜能"看见"这股情绪、这份激情,正视人类基本生理本能的基础上,像简·爱一样作出理性的选择,就会让自己生活在可控的范围之内。

安娜选择了忠于自己的生理本能,终于成为渥伦斯基的情人。安娜和渥伦斯基在欧洲旅行了3个月,厌倦了异国生活,匆匆回到俄国。在彼得堡和莫斯科,社交界一律对安娜关上了大门,她在剧院受到了一位贵妇人的侮辱,这使她痛苦不堪。她仍然"看不见",看不见情绪,更看不见情绪产生的原因和逻辑。事实上,你越看不见情绪,情绪就越像魔鬼一般累积和疯长,没有尽头。而你一旦看见它,就会抑制它长大,你一直保持看见它,它就会慢慢萎缩。

安娜把能够博得渥伦斯基的爱情和补偿她所做的牺牲作为自己生活的唯一目的,渥伦斯基很赏识她这一点,但是同时又很厌烦她想用来擒住他的情网。他们之间的关系一天天恶化。在她看来是由于他对她的爱情逐渐衰减,而在他那看来是懊悔为了她的缘故使自己置身于苦恼的境地。

终于有一天他俩吵了一次架。渥伦斯基外出一整天没有回家,晚上回家听说她头痛也没有去看她,第二天他又外出。安娜痛苦地想:他一定爱上了别的女人,这是非常明显的事。我要爱情,可是却没有。那么一切都完结了!她拍电报要渥伦斯基马上回来,还亲自去火车站接他。但是在火车站没有看到渥伦斯基,她又继续思索起来:"是的,我苦恼万分,赋予我理智就是为了使我能够摆脱,因此我一定要摆脱!如果再也没有可看的,而且一切看起来都让人生厌的话,那么为什么不把蜡烛熄了呢?……这全是虚伪的,全是谎话,全是欺骗,全是罪恶!"突然间她回忆起自己和渥伦斯基初次相逢那天被火车轧死的那个人,她醒悟到自己该怎么办了。她向迎面开来的火车走去,自言自语道:"到那里去,投到正中间,我要处罚他,摆脱所有的人和我自己。"一位风华绝代的美人就此香消玉殒。

可怜的安娜,她所做的每一个决策都是顺着她的冲动和感觉,她被当时的情绪魔鬼裹挟,失去本真和自我,被七情六欲之蛇死死缠住,每一个关键节点的选择,都在一步一步把自己推向万劫不复的深渊。

爱情是人类经历中最让人迷醉的情感之一,却也可能变成最痛苦的锁链。我们经常会被自己的情感挟持,忘记了问自己那些最基本的问题:我们真正想要什么?这段感情是否真正使我们成长,还是逐渐消磨我们的灵魂?

安娜·卡列尼娜盲目跟随她的心,投身于一段足以颠覆她整个世界的爱情里。她的爱情开始如同春日里绽放的花朵,诱人迷人;然而,花朵最终凋零,春天的光辉逐渐消逝,被世俗的阴霾和心灵的寂寥替代。她在社会的偏见和个人的决策中迷失,而那份没有认真"看见"的爱最终化作了她的悲剧。

在爱情的旅途中,我们应当以安娜的经历作为镜鉴,牢记那份由内而外的真诚与自我意识。学会在心中的激情与头脑中的冷静判断之间找到平衡，就如同舞者在绳索上行走，需要极其精准的平衡感。不要为了一时的激情而牺牲未来可能拥有的、更为成熟和滋养心灵的爱。

要用心看见和倾听自己内心真正的渴望，了解我们的情感需求，同时还要有勇气往返于理性的思索和情感的探求中。我们需要深思熟虑，探索自我，在这个过程中，我们才能找到那份可以使我们与伴侣共同成长、互相尊重、相互支持的爱情。

为了不重蹈安娜的覆辙，愿每位在爱情里迷途的灵魂都能找到理性和情感的和谐。让我们带着慎思明辨的心，把握住真爱的船，驶向那个灿烂而非破碎的港湾。因为在真正的爱情里，理性与情感并不是对立的，它们是相辅相成的，共同编织出一幕幕生命中最美丽的风景。

借由安娜的故事，我们再次体会到，真正的爱情，是在深刻了解和深度对话之后，能够持续地给予彼此勇气和力量，让爱如恒星般，即使在天空最暗的时刻，依旧闪烁其永恒的光辉。不以婚姻关系、财产关系、亲子关系为基石的爱情关系常常会在激情退却后，沦为不负责任的冲动和放纵，可能导致道德与情感的双重破产。深刻的爱应当建立在透明、诚信的基础上，这样的爱才能通过时间的考验，展现出它最耀眼的光辉。

正如托尔斯泰在《安娜·卡列尼娜》中所描绘的那样，分散在爱情光环下的，是人性的矛盾与复杂。爱情，就像是一幅精心绘制的画卷，愈是深入观照，愈能发现其中的细腻与丰富。安娜

看不见的爱情悲剧

深陷于一段危险而又迷人的恋情中，她的故事提醒我们，唯有把握自我，构筑坚实的内心世界，才能不被外界的风浪吞没。

愿我们在爱情的花园中翩翩起舞，能有足够的智慧辨认哪些是真正滋养心灵的甘露，哪些则是外表华美、实则有害的诱惑。不是每一次激情的遇见，都注定要燃烧自己的羽翼。有时候，真正稳固且深切的爱，不在于一瞬间的爆发，而在于彼此之间，有如涓涓细流的静默支持与坚定不移。

爱情不应成为生活的全部，而只是生活的一部分；它既有可能是灵魂的契合，也可能是个性的摩擦。它可以是前进的动力，也可能是退步的阻力。爱应该是丰盛的，是多面的，它包括快乐、悲伤、挑战和安宁。保持清醒的头脑是为了在面对这些复杂的情感时，能够理智地作出选择，甚至在必要时勇于说出那个带有痛楚却又必要的"不"。

愿我们都能像安娜那般拥有对爱的渴望，但又不同于她在热情中的迷失。愿我们在爱的旅途上拥有足够的力量和智慧，既能沉醉于柔美的月光之中，又能在风暴来临时站稳脚跟。爱情需要冒险，但更需要智慧，在这既复杂又美好的世界里，愿每个人都能找到那个正确的人。

当你站在爱情面前，愿你拥有理性的眼光，在世俗与激情的牵绊中明辨是非，作出对自己负责的选择。愿你的爱情，如温暖的阳光，不炙而温，照亮你的生活，给你带来力量，也让你在亲情、友情和爱情融合的幸福生活中，找到内心的平衡。努力作出你认为正确的选择，愿你最终收获属于自己的美好与幸福。

结婚是个数学问题

婚姻并不是幸福的自动售货机,你不能仅仅投入爱情币,然后坐享其成。

如果将爱情比作诗歌,那么婚姻便是一个数学问题。所以可以说,爱情和婚姻确实是不同的两件事儿。

婚姻考验我们去平衡那些非理性的激情与日常生活的理性需求,要求我们去衡量和解决资源分配、财务规划和家庭责任等实际问题。在婚姻中,投资与收益的计算,风险与回报的权衡,生活成本与预算的制定,都映射出婚姻的数学特性。

或许,婚姻如同修建房屋,爱为基石,经济如梁柱,两者缺一不可。无疑,爱情是婚姻中最为美丽的部分,它如同一盏灯塔,在风雨中指引着失落的航船归来。然而,没有经济基础的爱情往往难以在复杂风浪中保持平稳的航向。结合的意愿虽真挚，却也需要物质条件的支持才能转化为日常生活的安稳。

婚姻中的经济关系远比看上去的要复杂，它包括家庭内外的经济交流、对资产的共同管理以及家庭内部的劳务分配等。婚姻的持久性，就像一本精心编制的账簿，记录着收支平衡、资产负债和长期投资的精准计算。

强化婚姻中的经济维度并不会削弱爱情的纯粹性，这是两个维度的问题。我们不能忽视，财务稳定性为婚姻提供了生活的底色，让爱情的色彩更加饱满。这不是说我们要用冷漠的数字去衡量温暖的感情，而是意识到爱情在现实生活的语境下，需要经济这个基础来维系和发展。

爱情与经济在婚姻之船上携手航行，它们相互依赖，共同构建了婚姻的完整图景。在经济和爱情的双重力量推动下，婚姻如同一篇有理有感的诗歌，既散发着数学严谨的优雅，又流淌着爱情甜美的旋律。这就是现代婚姻的真谛，一首和谐而美妙的生活交响曲。

当爱情与经济在婚姻的天空中交织时，这场星空下的舞蹈便充满了理性与感性的碰撞。婚姻中的双方不仅互为情人，也是生活伙伴，他们必须学会在云端上的梦想和泥土中的现实之间找到平衡点。而这种平衡，正如我们平衡遥远星辰与近在咫尺的蜡烛光。

在这种对于平衡的追求中，数学成为婚姻这部交响乐中的基础乐谱。每份收入、每笔开支、每个决策背后，都隐藏着加减乘除的韵律。须知，不同的经济选择与策略将直接影响夫妻二人世界中的和谐。比如，夫妻一方可能倾向于奢华的生活方式，而另一方可能持节俭的理念，这时的生活不仅是数字的游戏，更是沟通与妥协的艺术。

我们用预算来规划未来，用投资来培养希望，用储蓄来构建安全网，这些经济活动就如同在婚姻的花园中种下各式各样的树木，虽然需要时间培育，但最终它们能够并肩形成茂密的林荫，为家庭提供避风港。

然而，即便经济因素在婚姻中占据如此重要的位置，我们仍不能忽略情感的力量。爱情是婚姻灵魂的火焰，它可以为最平淡无奇的数字注入意义和温度。财富可能为我们提供一座舒适的房屋，但唯有爱情才能将之变为一个温暖的家。在彼此的陪伴下，每项经济活动都融入了情感的颜色，每一笔数字都充满情感的价值。

正如一条精美的项链，需要金银与宝石共同镶嵌，才能展现其独特的光芒。婚姻亦是如此，它需要爱情和经济这两颗宝石相互映衬，才能发挥其最强大的魔力。在这样的光芒中，我们发现，虽然婚姻是一场数学问题，但其解答却充满了诗意与激情。爱情赋予了我们解决方程的动力，而经济则为我们提供了解题的工具。

如此，婚姻便不再是一条赤裸裸的算术直线，而是一幅用爱情和经济绘制的复杂几何图形；它不仅包含着理智的规划与计算，更融合了深情的承诺与扶持。岁月流逝，在爱情与财务的交织中写着每对夫妻独特的故事，见证着在星辰和数字间航行的婚姻，正朝着更深层的理解与和谐前进。

在这个以经济和情感为纬线与经线编织的婚姻网中，有着一个不可忽视的要素：沟通。沟通是婚姻这幅网格的结点，它连接着爱情的深度和经济的广度。在夫妻之间坦诚的对话中，我们用数学的明确性去消除误解，用爱情的温柔去缓和紧张。每一个财务决策、每一个生活目标，都需要两个人的合作和共识。在这样的过程中，沟通就如同一座桥梁，贯通了情感与金钱的两岸，让双方得以在彼此的世界中相互游历。

与此同时，责任和承诺也是婚姻中不可分割的核心。责任如同数学中的公理，它是建立关系的基本出发点；而承诺则是这个等式中的常数，它保证了不变的信任和支持。即便在变幻莫测的经济条件下，双方对彼此的承诺仍是关系稳定的基石。这是一种超越感性的选择，是对方程式中未知数的坚定信念，它不仅要求我们在物质富足时共享荣光，还要求我们在财务短缺时同样要共担风险。

继续深入探究，我们会发现婚姻中还有着无形的资产，比如信任、尊敬、理解和支持。这些元素，尽管不能直接计入财务报表，却是婚姻成功的重要指标。它们是情感投资的回报，如同市场上无形的信誉和品牌效应，其价值在婚姻的长期运作中逐渐累积，成为无可替代的资本。

在婚姻这场既是艺术品又是科学实验的复杂交响中，没有一成不变的定律。每对夫妻都是独一无二的动态系统，他们必须不断学习和调整，以适应生活的节奏和经济的波动。这要求我们具备数学家的分析能力和诗人的创造力,只有这样,我们才能精确计算生活的成本,同时赋予这些数字以超越它们原有含义的情感色彩。

在婚姻的长河中,爱情与经济就如同两条交错的河流,它们有时宁静平缓,有时汹涌激烈,但最终总是融合在一起,滋养着这片广袤的土地。经济的每一滴雨落在爱情的湖面上,都会激起层层涟漪,它们相互作用,相互影响,让婚姻不断演化成为一个更加坚固,更有复杂美感的组合。

因此,当我们在谈论婚姻时,我们讲述的并不仅仅是两个人的结合,而是情感与理财、激情与计算、梦想与现实交融的双重奏。在这首曲子里,每个音符都至关重要,旋律与和弦一拍接着一拍。是的,婚姻是一个数学问题,但它同时也是爱情的定理,两者交织,构成了人类情感与社会结构最为复杂、最为动人的证明。

离婚由我

在当代社会的喧嚣里,爱情如同一束明媚的光芒,人们追逐着它的照耀,渴望着与心爱之人共结连理。然而,在这迷离的光线之下,往往掩盖了一些沉默的真相——婚姻,绝非只是浪漫的始点,它亦是责任与义务的漫长序篇。每个浪漫故事的背后,婚姻以其真实的姿态矗立。在婚礼的钟声中,誓言传递的不单是爱的誓言,还有一生的承诺与责任。然而,在盲目的喜悦与期待中,许多人未曾深究那份责任所蕴含的深度与重量。

随着婚礼的花瓣与掌声散尽,现实便逐渐清晰,它需要我们以实际行动和辛勤耕耘去维系。夫妻之间的默契与和谐,并非不经意间便可觅得,它需要沟通、理解与共同成长。而这一切,皆非一朝一夕所能成就。

现代社会的快节奏与个体主义思潮，让一些夫妻在面对婚姻的挑战时选择了分开。他们发现，婚姻不像初遇时的甜蜜，而要经历生活琐事的打磨与考验。离婚率的攀升，不仅是对个体情感抉择的昭示，也是对社会现状的深刻反思。

婚姻是二人世界的开始，它既荫蔽了甜美的枝丫，也藏匿了考验的荆棘。如果能在步入婚姻殿堂之前静下心来体味那份承诺所深藏的责任与义务，多少离散的悲剧或许能得以避免。倘若每对夫妻都能在共同生活的磨合中寻求成长与完善，理解和支持将成为婚姻中最宝贵的财富。

唯愿在时间的长河中，我们每个人都能懂得爱情与婚姻的真谛——不仅是心动与激情的交响，更是责任与坚守的宁静交融。倘若我们都能怀着一颗成熟与自觉的心去经营每一段缘分，或许就能找到那抹不灭的光芒，在浪漫的华彩中，坚持住属于现实的温柔。

在一段婚姻中，矛盾的出现并不罕见，它们如同路途中的绊脚石，有时候是小小的不快，有时则可能成为路途的终点。夫妻之间的矛盾万千，却也有那些常见的主题，经久不衰地考验着许多婚姻的坚韧。

比如，沟通问题是导致矛盾的一大根源。有些夫妻因为生活节奏快，工作压力大，缺乏足够的时间和精力进行有效的交流，渐渐地，在无声中累积疏远与误解。他们无法真正倾听对方的需求和想法，小矛盾久未化解便慢慢演变成了大问题。

金钱问题也是导致婚姻破裂的经典因素。当收入、消费观念、财务规划在夫妻间存在较大差异时,往往会引发争执。特别是在经济压力较大的时候,如何分配家庭资源、预算和花费,往往能加剧夫妻间的紧张关系。

此外,对于子女的教育理念也可能引发争端。当夫妻各自持有不同的育儿理念时,如何教育孩子的问题可启发出一系列争议。由此产生的持续矛盾,不仅影响夫妻之间的关系,也可能对子女的成长产生负面影响。

性格差异也是夫妻间矛盾的一大来源。每个人都有自己独特的性格,当两个性格迥异的人试图在一起生活时,从价值观到生活习惯的差异都可能成为矛盾的导火线。随着时间的推移,如果不能妥善处理这些性格差异所引起的问题,它们可能会蔓延成为不可调和的裂痕。

不忠与背叛,无疑是致命的一击。婚姻建立在忠诚与信任之上,一旦这底线被触碰,便可能给关系带来无法修复的重创。夫妻一方的外遇通常会深刻伤害另一方的感情,这种背叛感是许多婚姻破裂的原因之一。

矛盾的存在,提醒我们婚姻远非一帆风顺,而是需要夫妻双方的共同努力和坚持,面对每一次磕磕绊绊,在理解、尊重、信任与沟通中寻求解决之道。这些矛盾如果得不到及时妥善的处理,最终可能导致离婚的结局。正是在这些矛盾的处理和解决过程中,婚姻的质量得以检验,夫妻的情感得以淬炼。

在传统观念的影响下,婚姻往往被视作女性生命中的重要里程碑,而离婚则不免带来社会和心理层面的复杂挑战,尤其对于中年女性而言，这样的转变可能格外艰难。

离婚之后的中年女性，常常不得不在浩瀚的人生海洋中重新找到航行的方向。在感情的撕裂之痛尚未愈合时，她们便需要承担起双重重负：一是职场打拼；二是子女抚养。这样的压力，如同浪涛，一浪又一浪地冲击着她们脆弱的防线。

在工作场所，中年离婚女性可能会面临职场逆境。她们需要工作以确保稳定的收入，但在某些情况下，中年女性可能会因年龄和雇佣市场的偏见而受到限制。此时的工作不仅是赚取生计，更是保持社会身份认同和自身尊严的重要途径。

在家庭内部，这些女性往往独自肩负着家庭的经济和情感责任。她们勇敢地站在父母和孩子之间，既要作为孩子的依靠，又可能需要照顾步入老年的父母。她们的生活常常是日复一日地忙碌与挑战，早出晚归，忙于工作与家庭事务之间，为的是能够独力撑起一片安稳的天空。

情感上，离婚后的中年女性可能会遭受孤独和误解。她们在感情受挫后，仍要强颜欢笑，以坚强的面貌出现在孩子、家人和朋友面前，而内心深处的痛苦与挣扎，往往只能自己默默承受。这份孤独背后，是社会对离婚女性的双重标准和不完全的同理心。

生活中，有些离婚女性可能确实需要娘家父母的支持与帮助。这种家庭结构的改变，不仅为她们的生活带来额外的经济负担，也使家庭成员之间的关系面临新的挑战和调整。

尽管面对种种不易，许多离婚的中年女性并没有就此屈服于命运。她们在重建自我的道路上，展示了非凡的韧性与力量。这份辛苦的生活，讲述的是关于独立、自尊、力量和不屈不挠的故事。这些女性在人生的各种风雨中，不断地学习、成长和繁荣，她们的经历和努力值得我们深深尊重和钦佩。

分享一个故事。在北京的一个清晨，杨静坐在微暖的阳光下，看着窗外忙碌的人群，也看见自己的人生。她是一位刚刚离婚的中年女性，生活的重担让这个本应平静的早晨显得有些沉重。

自从半年前和前夫签下那纸离婚协议，杨静的生活发生了翻天覆地的变化。她成了儿子小宇的唯一照顾者，同时还要承担起家庭的经济重担。作为一家跨国公司的中级职员，工作为她提供了稳定的收入，却也随着岁月和市场的变迁显得不那么稳固。北京这座快节奏的大都市，既是机会的海洋，也是压力的源泉。

小宇今年12岁，正值需要关怀与指导的年纪。每天早出晚归的杨静尽力在工作和家庭之间找到平衡，但无论她如何努力，时间总是显得那么不够用。每天傍晚，她疲惫地结束一天的工作，又要为第二天儿子的早餐和衣物做准备，这份重复的忙碌成了她新常态的一部分。

遇到困难时，杨静不得不请求父母的帮助，这让她倍感愧疚。她的父母都已过了退休年龄，本应享受清净生活，却因为她的离婚而不得不操心她和小宇的生活。尽管父母始终没有一句怨言，用自己微薄的退休金来辅助女儿和孙子的生活，杨静的内心却始终充满愧疚和自责。

在朋友们眼中，杨静依旧是那个能干、坚强的女性。她很少向人诉说自己的辛酸和疲惫，总是面带微笑，谈笑风生。然而，在某个不为人知的夜晚,泪水才会不由自主地滑落。杨静知道,自己的路还需继续走下去,即使前路迷茫,负担沉重。

就这样,日复一日,杨静继续着她的生活,她是无数个平凡故事中的一个主角。每个角落都有类似杨静这样的中年离婚女性,她们以顽强的意志和不懈的努力,支撑起自己的天空,虽然道路艰难,但从未放弃过对更好生活的憧憬和追求。

即便杨静的生活充满挑战,但她依然在为自己和儿子打造一个更美好的未来。在北京这样的大都市,生活成本高昂,租金、教育费用、日常开销使每一分钱都显得弥足珍贵。杨静尽力工作,有时甚至在周末做兼职工作,只为给小宇更好的教育,让他有机会走得比她更远。

每日接送小宇上下学成为杨静最重要的日常之一。在北京这座交通拥挤的城市,即使只是几公里的距离,也要花费许多时间。为了不让儿子的学业受到影响,无论风雨、严寒与酷暑,她始终坚持,无怨无悔。虽然这份奉献在别人眼中可能微不足道,但在杨静的心中,这是她作为母亲最应尽的责任。

小宇的成长是杨静最大的安慰。每当看到儿子成绩单,或是听到老师表扬小宇时,所有的疲惫和困苦仿佛都化为无形。她明白自己的付出并没有白费,这份坚持也正帮助小宇建立起坚强的性格。

在工作之余,杨静也在努力学习新技能,希望能为自己寻找更多职业上的机会。她报名参加了夜间和在线课程,学习数字营销和数据分析等当下市场上需求较大的专业知识。她相信,只要不断充实自己，未来定能找到一条适合自己的发展道路。

然而，在漫长的忙碌中，杨静偶尔也会感到孤独。曾经的朋友们在渐行渐远，时间和精力的限制使得她很难建立起新的社交圈。好在还有几位至交好友，她们互相支持，分享彼此的忧愁与快乐，成为对方生命里不可或缺的部分。

杨静的故事还在继续，尽管充满挑战，她却并未失去希望。她相信，只要不放弃，总会有克服困境的一天。北京这座城市见证了无数如杨静这样的人物用自己的方式书写着自己的故事。生活或许艰辛，但正是这份不懈的努力，定义了她们生命中的坚强与美丽。

第七章

看见幸福

除非你完全接受这个世界，否则你无法自在，你总是紧张、分裂、冲突、痛苦、内疲。一旦你接受了一切，这个世界才会真正成为你的家。

过点状人生

我们的生活,如同一条河流,不断流淌,不舍昼夜。岁月悠悠,无形之中,我们如水中的鱼儿,随波逐流,或顺或逆。但人生不应仅是无休止的奔波,需要有些时刻,让我们驻足于岸边,感受时间的流淌,感悟生活的意义或无意义。这就是我们为什么创造了很多的节日,不论是我们的春节,还是西方的圣诞节,都是希望让我们在匆忙的脚步中稍作停歇的"分节符",是生命这部长篇小说的书签,它将连绵的日子区分开新的章节。

是的,人们创造节日,不仅为了纪念与庆典,更为了在喧嚣的生活中寻求一份标记,为了在时间的丝线上系上结点,我们忘却,我们反思,我们滋养,然后我们再出发。

在生活的宏观钟表上,我们的时光是以年月日记载的。但生命的真粹之处——那些微小且宝贵的快乐瞬间——其实是在更细碎、更敏感的计时器下跳动的。是的，就在那一分、一秒，甚至一刹那的时间粒度中，我们体验着生活的奇迹。

试想，当午后的阳光悠闲地洒在书桌上，我们便能在这半小时内与自己最喜欢的书相伴，忘却尘世的纷扰。当我们与挚友品尝着美酒，在那一小时中，举杯间的笑语盈盈仿佛能洗净所有的忧愁。每一切片时光都有其独特的魅力，无须长久，短暂即是美好。

然而，生活不免有波折，我们难免遭遇令人沮丧的时刻。在这些时候，我们可以采用一种优雅的策略：暂时让自己悲伤，但在下一个时间单位里，选择重拾微笑。

开始时，我们可以允许自己拥有一整夜的时间去遍历心中的阴霾，让梦乡带走那些不欢而散的思绪。睡醒时，心已恢复平静，仿佛洗净的蓝天，再无雀斑状的浮云。

随着不断练习，我们要逐步缩短这个时间段。不顺心的事发生后，让自己在一个下午找寻安慰，然后是两小时的自我对话，在那一分钟的沉默中深呼吸，在那三十秒的宁静中寻找平衡。直至那终极的目标——当痛苦的初始波动还未彻底荡平，下一秒钟，我们已选择挥洒出一个微笑。

这不是一种逃避，也不是压抑自我，而是一种关于时间和感知的艺术。我们对时间做出划分，让自己有限的忧伤得以完全释放，然后从容地步入下一秒的可能。在这不断缩短的情感周期中，我们学会了对自己的内心有更丰富的洞察，学会如何把生活的照片快速切换到那些充满阳光的画面上。

孤单的夜空中,星星依旧灿烂无比;在繁忙的日子里,宁静的心湖依旧清澈;在悲伤的秒针跳动中,喜悦的钟声已然响起。让我们在缕缕时光中,学会舍弃长久的忧伤,选择即刻的微笑。因为生活对于我们每个人而言,都是一连串由无尽的当下组成的快乐时光。让那些不开心,在时间的秩序中,变得愈加渺小,直至化为宇宙间最精微的尘埃。而我们的生活,无论经历怎样的风霜,都仍能以一颗顽强而温暖的心,珍藏身边的每一个美丽的瞬间。

人生,若细分为无数精确跳动的刹那,每一瞬都是一个宇宙,无限丰富而意义深远。让我们将时光的画卷展开,把每一个细小的扇面涂抹上幸福的色彩,一秒一秒地书写我们快乐生活的诗篇。

想象一下,每当时间的秒针跳动,我们都能感受到心灵的跳跃,像是迈进一个全新的空间,一个满载着新鲜情感和思考的舞台。无论是早晨鸟儿悠扬的歌声,还是傍晚落日余晖的金色拥抱,都是值得我们用心感受的画面。不应让怒火或焦虑占据心灵的这片净土,而应以宽容和平静去润泽每一个即将到来的瞬间。

我们用一秒钟去深呼吸,体验自然界的无穷力量;我们用一秒钟去微笑,凝聚出人间最温馨的语言;我们用一秒钟去感激,向世界传递我们深沉的爱意。即便生命中必然带有起伏的波折,在这些短暂却重要的时刻里,我们选择不受消极情绪左右,而是发现并创造幸福,让生活成为一场奇妙的旅程。

生活如同一曲多变的旋律,贯穿着欢快与忧伤的音符,在时间的肢体上起舞。但我们能够成为这支交响乐的指挥，选择不让愤怒的号角、焦虑的弦音侵扰乐章的和谐。在每一秒的细微间隙中，我们选取最悦耳的旋律，让幸福的和声，成为心灵的主旋律。

让我们以画家的耐心、雕塑家的精细、诗人的激情，共同创作这一生的杰作。尽管有时我们会感受到迷茫或困难，但当我们将目光聚焦在每一次钟摆的摆动上时，便会发现宝贵的生命能量蕴藏于其中。愤怒、焦虑这些瞬间的阴云，都将在我们觉醒的光芒下消散无踪。

我们的每一步，都是时间赋予我们的跳跃；我们的每一次笑，都是一秒钟闪光的永恒；我们的每一滴泪，都是转瞬即逝的珍珠；我们的每一个梦，都在这连绵的秒针声中，如星尘般绽放。让我们珍惜并拥抱每一秒，不因过往的阴影而黯淡，不因未来的未知而彷徨，活在当下的每一瞬间，让心灵的舞台上，永远洋溢着爱与光明。

就这样，一秒接着一秒，我们细致地雕琢生命的每一个细节，让它们像串联起来的珍珠，泛起耀眼的光泽。生命之树将在这连绵不断的关爱与美好中茁壮成长，每一片树叶都闪烁着对美好生活的虔诚期待。绝不浪费一秒的时间去生气、去愤怒、去焦虑，我们的心将一直飞翔在幸福的蓝天，与云朵和暖阳共舞，与清风和繁星对话。因为无论何处、何时，每一秒都是新的开始，每一秒都充满了爱的力量。

看见的进阶之路

生命之旅，是一步步深入明鉴的征途。当我们在这个世界上初次睁开双眼，视线所及之处，尚只是模糊的轮廓。而后，世界在我们眼中越来越清晰。我们看见了无形的风，以花草摇曳的姿态与我们打招呼；我们看见了高山流水，它们以变幻的节奏编织出大地的诗篇。我们的"看见"初现，如同早晨的曙光，预示着渐行渐远的成长之路。

进阶之路漫漫，我们的目光渐渐向外探索。我们看见了世界的繁复与壮阔，从城市的熙攘到自然的辽阔，每一处都有生活的烙印和时间的故事。在这些故事中，我们学会了欣赏差异，学会了用心去理解这个世界的纷繁与美丽。

随着经验的累积，我们的视野不再局限于表面的景象。我们开始看见生活中的困难与挫折，它们像一道道深邃的裂缝，试图阻断我们前行的路。然而，正是这些逆境，锻造了我们坚韧的心智。我们学会了在困顿中坚持，在失意中成长。

进一步，我们更为深入向内看见，开始看见自己的快乐与痛苦。我们认识到，自己的感受和情绪同样重要，它们构成了内心世界丰富的色彩。我们学会了看见内心世界，倾听内心的声音，去珍惜每一份喜悦，去理解每一次悲伤。

而后，我们的"看见"升华，变得更加深邃和包容。我们看见了人与人之间的关系，这是我们最宝贵的财富。马克思说，人的本质不是单个人所固有的抽象物，在其现实性上，它是一切社会关系的总和。在交往和互动中，我们领悟了理解与包容的力量，学会了在相互关怀中寻找人生的意义和温暖。

"看见"的进阶之路是跨越从外在世界到内心深处的旅程。每一步都是对世界更深刻的认识，对生活更细腻的感悟。最终，我们不仅"看见"了事物本身，更"看见"了连接万物的纽带——爱与共鸣，让我们得以超越自我，触摸生命的本质。因此，持续地"看见"，在光明与黑暗中行走，用心灵的眼睛洞彻一切，这便是我们人生旅途中最为珍贵的财富。

看见是一个循序渐进、不断深入内心的过程，我们看见世界、看见生活，进而看见情绪，看见各种人际关系。在看见的情况下，你作出的任何选择、决策都是正确的，因为它一定是忠于内心的。"看见"后作出选择，你就不会后悔。

在初期，我们要调动较大的心力让自己看见，逐步练习，可

因为看见，所以美好

以做到随时看见，一旦情绪萌芽，你就可以第一时间看见。等养成习惯之后，就可以一直保持看见，心思不会出离，不会游走。

面对进阶之路，我们的心灵逐渐接近它的归宿，开始追问更加根本的问题：我们为何在这里？生命的意义何在？在这样的探索中，"看见"已不仅仅是感官的体验，而是成了理解这个宇宙和我们存在的意义的关键。

随着我们不断深入探索"看见"的境界，我们开始向内在的本质觉醒。我们意识到，每个人心中都有一个内在宇宙，那里面藏着我们最深的梦想、恐惧和欲望。我们的"看见"开始转向内心，审视自己生命的轮廓，试图解读那些影响我们行为和决策的潜意识信号。

我们学会了面对内在的阴暗面，那些曾经避而不谈的痛苦和创伤。我们看见了成长中的磨难，并不是单纯的摧毁，它们也是心智成熟的催化剂。在这个过程中，"看见"变得更具有治愈之力，它教会我们如何接纳自己，如何从挫败中重建信念和力量。

进阶之路的终极境界是达到一种全然的觉知，不再局限于形式。在这里，我们"看见"了生命的统一性和互联互通。

如此，当我们的"看见"达到了心灵归宿的境地，我们开始超越个人的疆界，与宇宙的脉动同步，感知宇宙的心跳。我们不再追问目的地在哪里，因为每一步的"看见"就是目的地。在无尽的探索中，生命本身便是最深刻的答案。我们的旅程也许没有终点，但每一处的"看见"都是宝贵的历程，都是一次次心灵的归宿。

在这样的心灵旅程中，我们学会了欣赏生命的繁复与神秘，学会了在变化万千的世界中寻找永恒和宁静。我们继续前行，随着每一次的"看见"而进化，随着每一份感悟而升华，真诚地向宇宙的无限智慧敞开心扉，并与之同行。因为在无尽的"看见"中，心灵被唤醒，灵魂得以回归，于万象中悟见生命的奇迹。

允许一切发生

你敲了每一扇门,没有门开;你走过了所有的路,没有路到达。你已经做了你能做的一切,现在你感到很无助。在那种完全无助的情况下,投降发生了。所以在臣服的道路上是没有方法的。

一旦你把它当作你的命运,你就接受它,不管它是什么。你不担心改变它,不担心让它与众不同,不担心根据你的愿望来做。一旦你照原样接受它,不再被它困扰,你的总能量就会得到保存,然后这个能量就可以向内渗透。

认真准备了数月的求职面试,一切似乎都准备得无可挑剔。然而,在出门的前一刻,发现正装上不知何时沾染了明显的污渍。一股焦虑噌地一下涌上心头,焦急中,改穿备用的衣物却发现布满皱褶,现在熨烫,时间已经来不及。此时的你站在镜前,那份原本满溢的信心，在不经意间被无奈与急躁蚕食，情绪似乎也跟随着衣物的皱褶而起伏不定。

期待已久的假期终于到来，行李箱被整理得整整齐齐，你兴奋地出发去机场。行至半路，心中忽然涌上一股莫名的不安：护照！在匆忙出门的混乱中竟然落在家里。而此时距离登机的时间只剩下两个多小时，任谁都难免会心中一紧，脑海中泛起一连串的"如果"和"或许"，情绪如同乱了节奏的乐章，跌宕起伏，恐慌与焦虑成了主旋律。

周末的清晨，安排了和老友的久违重聚。夜里的暴雨并没有影响到你的好心情。你哼着歌准备外出，却没想到车库里的爱车竟无法启动，原来是车上的电瓶报废了。打电话求助，最快的救援也要等几个小时。本应该愉快的聚会现在变得遥不可及，心情如同被搁浅的船只，一时无法航行，那份无奈和懊恼汇成一股急流，在胸腔中翻腾。

生活中不时闯入这样的意外，无情地揭示着计划之外的混沌和不可控，它们考验着我们的耐心和应变能力，我们也会被情绪牵引，陷入突如其来的崩溃。然而，恰恰是这样的经历，提醒我们人生剧情难以预料，外部刺激随时降临，唯有学会看见情绪、融化情绪，不被情绪影响，淡定从容地去解决问题，才能在未知的旅途中更加坚韧和从容。

在这世间的大幕上，每一天都将上演一场未曾想象的剧目。我们无法预知明天会带给我们何种色彩，唯一能做的，是允许一切发生，臣服于发生的一切。

生活，就如同一条悠长而波折的河流，汇聚了时间的精华和世界的光彩。河水流淌，潺潺之声述说着顺势而为的智慧。它不与岩石争锋，不向暴风炫耀，只是柔软地绕过障碍，穿过平原，向着广阔的海洋持续前行。如是，当生命中的不如意涌现，我们学会"随波逐流"，让心静若水，生出一份超然和平静。

让我们拥抱变化的风，舞动于不可抗拒的旋律之中。花开花落，云卷云舒，风雨雷电，无一不是宇宙律动的旨意。在这无常之中，我们得以见证不同的季节，体会生的热烈，感知落的宁静。我们应臣服于四季的交替，在春暖花开中播种希望，在秋实之时收获成熟。

面对命运的洪流，我们常常觉得渺小无力，而真正的勇气，不在于逆流而行，而在于坦然接受，学会在每一次漂泊中寻找方向，在每一次撞击中增长智慧。

在我们的心灵花园中，也许会不期而遇些许荆棘和杂草。然而，只有接纳它们的存在，我们才能更加细致地呵护每一朵花的生长。因为疼痛与挫败，同欢乐与胜利一样，是心的营养，促使我们成长为更加丰满、完整的人。

臣服，不是退缩，不是懦弱。它是一种深刻的体悟，是一种自我的内在状态。臣服与对象无关。如果对高位置、高能量、高价值对象可以臣服，对低位置、低能量、低价值对象无法臣服，那么这不是臣服，没有达到臣服的境界。臣服是倾听内心的低语，是与流逝时光握手言和。在风雨之后，我们了悟：臣服是为了更好地把握生活，是为了让心灵在千帆过尽后依旧能扬帆起航。

在一天的尾声，让我们不需遗憾，也不需忧虑。允许一切来临，也让所有即将离去的都飘然而去。我们温柔地看着日落西山，带着微笑期待星空闪烁。如此生活，我们方能沐浴在大自然最真挚的赐福中，从而领略生命的曼妙风采。

我们继续前行，沿着宽阔的河流，穿梭于如水岁月，心中充满了"允许"，而脚下的道路，也因"臣服"而铺展得无比开阔。在这旅程中，所有的生命故事都值得被诉说，所有的经历都是一曲无与伦比的赞歌，更是一场幻美的浪漫旅行。

在这浪漫旅程中，每一步都蕴藏着无限可能，就如同宇宙星河中的每一颗星辰，都有其独特的光辉与轨迹。心中的星图绘制出梦想的轮廓，而脚下的大地记录着坚韧与探索的痕迹。在这无尽探寻的过程中，不论是遇到山川湖泊的俊秀，还是草原沙漠的苍凉，每一处风景都化作内心深处的风景，让人生之旅丰富多彩、绮丽多姿。

允许这一切美好与苦难交织，臣服于大自然和时间的造化，我们的灵魂像被温柔地捧在掌心，经历着形状和色彩的转变。每一个念头的跳跃，每一次情感的波动，都像是宇宙中的一次微小脉动，与其他生命的节拍共鸣，创造出和谐而又独特的旋律。

黎明的第一缕曙光，夜空中的最后一丝闪烁，在这不断轮转的天地间，我们感恩每一分赐予，也包容每一分收回。一只展翅高飞的鸟儿，一片随风翻滚的落叶，都教会我们在生命的脚本上自由地即兴演绎，去寻找那份最为真实而宁静的自我。

继续走在这条道路上，我们不再对未知感到惧怕，因为那是

允许一切发生

生活给予我们最浓厚的馈赠。打开心扉，让每一次的经历渐渐打磨我们的灵魂，犹如打磨一枚和田玉的皮色，直到光芒透出，闪耀出世间最美的光辉。在这旅程中，我们或许须臾安静地聆听悲伤的小夜曲，或许心潮澎湃地跳动着欢乐的圆舞曲，每一种节奏都让我们更加完整与强大。

如此继续前行，把握每个当下，珍惜每次相遇，愿所有过往都能为我们指明未来的方向，愿所有瞬间都成为永恒的记忆。无论路途多远，无论际遇如何，愿我们都拥有一颗"允许"的心，一次"臣服"的旅行以及一趟无悔的人生旅程。让我们继续，用心去感受，用爱去体验，倾听世界的心跳，跳动于幸福的旋律之中，欣然接受每一刻的赠予，直到生命的终章静静谢幕，在那时，我们仍然可以微笑着说："一切，都是最好的安排。"

幸福是感受

幸福是什么？

幸福，如微风中轻轻飘舞的蒲公英，不经意间触碰心灵的柔软处。它，不是狂热的烟火，亦非长久的奇迹，而是柔和的阳光，静静洒落在日常的点滴里。

在那些简单的时刻，幸福安静地居住。幸福是清晨第一缕晨光穿透窗棂，打在熟睡面庞的温柔。幸福是和心爱之人并肩行走，即使沉默，也能感受到彼此心跳的节奏。幸福，藏在孩子清澈的笑声里，在老人满足的眼光中，它以无声的方式，讲述着生命的诗篇。

我们在一朵花的盛开中看见幸福，感知它如何无声地挣脱束缚，展露所有的美丽而不畏惧终将凋零。在花开的瞬间，我们捕捉到了时间的永恒，以及生命中那刻不容缓的存在。

喜悦的心是能察觉幸福的。当我们心存感恩，即便是一杯温水、一顿简单的饭菜，都能感受到那背后含蓄的爱与关怀。看众人围坐一桌，共享食物，交换笑容，我们不仅感受到幸福，更将幸福洒向每一个角落，让整个空间都盈满温暖。

幸福在分享中增长，在给予中弥漫。当我们帮助他人，哪怕是一个微小的动作，一个简短的问候，我们的内心便如灌溉了甘露，萌发出一片片新绿。这份愉悦回响于整个内心，让幸福的感觉化作炽热的星辰，照亮彼此的路途。

幸福不要求完美，而是接纳不完美。在不尽如人意的日子里，我们仰望星空，不忘内心深处的梦想与希望。当我们在挣扎中依旧保持信念，小小的成功便能让幸福的花朵在心中绽放。

我们不需遥远寻觅，不需华丽装饰，幸福就在我们的呼吸中，跳动中，生活的每个角落。当我们陷入幸福的感受，这份幸福便如镜子般反射，让其他的心也得以感知。我们更幸福，因为我们看到了幸福，在别人的眼中，在世界的每一处。

在幸福生活的交响乐中，每个细微的音符都如同珍珠，串联成快乐的旋律。我们继续探寻，继续欣赏，在看似平凡的时光里编织非凡的记忆。因为幸福，并不只是决定性的时刻，更多是那些无数的瞬间，像是一滴水落入湖泊，悄然荡漾开来。

一个秋日的午后，阳光斜照，在落叶铺就的小径上徜徉。一隅安静的咖啡馆，手里握着温热的杯子，目光穿过蒸汽，那是幸福的模样，无声却实在。我们在字里行间追寻故事的脉络，在咖

幸福是感受

啡的香气中品尝生活的甘醇。

爱情是幸福的佳酿，友情是幸福的共鸣。当我们与伴侣在沙滩上留下一串串足迹，我们不是独自行走，幸福正是那海浪轻轻拍打的旋律，轻吻着每一个脚印。当我们与朋友举杯畅饮，即使岁月将我们各自带向远方，那份情谊如老酒尤为醇厚，它在心灵深处回荡着幸福的回声。

家庭，则是幸福的港湾，安稳而温馨。老房子里的吱呀声，是门扉向我们讲述古老故事；晚饭后的洗碗声，是家人间默契和照顾的交响乐；孩子们的嬉戏声，是未来和希望的呼唤。在这些生活的片段中，我们不仅见证了幸福，还亲手将幸福种植。

幸福也许就隐藏在你那颗致力于不断成长的心里，当你勇敢地追求梦想，即便路途遥远且坎坷，但你依然能从这逐梦之旅中感受到一种难以言表的充实和喜悦。

在幸福的追求中，我们渐渐明白：幸福不是目的地，它是当下可得的状态。它不是我们远行千里、攀爬阶梯去寻找的宝藏，而是在旅途中，我们慢慢拾起来的智慧和勇气，是我们在生命的长河里不断磨砺出来的内在和谐与平衡。

第八章

看见的实践练习方法

人生而幸福。每个人体内都蕴含着储量丰富的"幸福矿",就像孩子降生带来的乳汁。而你需要的是一个能够挖掘幸福的"工具箱"。

实践练习一
人生若只如初见：积累正面情绪能量

练习讲解

一起来回忆：你最后一次认真看见你的妻子或你的丈夫是什么时候？答案是：你最后一次看见你的妻子或你的丈夫可能是几年前了。你有多少年没认真看见过对方了？你们在同一个屋檐下生活多年，已经熟视无睹、视若不见。

我们貌似十分聪明，善于总结经验，养成习惯。特别是人到中年以后，我们很容易形成思维定式和路径依赖，把自己活成了程序提前设定好的"机器人"。美国心理学之父威廉·詹姆斯曾经说过，随着年龄、阅历和经验的增长，年轻人慢慢就会变成"能行走的一捆习惯"。法国思想家、文学家罗曼·罗兰更是认为，大部分人在二三十岁时就死去了，因为过了这个年龄，他们只是自己的影子，此后的余生则是在模仿自己中度过，日复一日，更机械、更装腔作势地重复他们在有生之年的所作所为，所思所想，所爱所恨。

确实，仔细想想，其实我们许多人都会停滞在某个年龄、某个认知层次、某个知识水准，甚至是某个穿衣风格，固定下来，就不再前进了，只是在不断重复着过去的自己，今天和昨天一样，明天和今天差不多。更有甚者，一天的模式可能会重复一辈子。

从此，我们的眼睛睁着，却不再看见。有句话说：太阳底下没有新鲜事。其实不然，每一天、周围每一件事都是新的，只是我们的眼睛老了，我们的心旧了。"人不能两次踏进同一条河流。"生命是流动的，一切都在流动，没有什么是相同的。

每个人都有能力去改变，去成长，去体验新的事物，让每一天都充满新鲜感和活力。所以，无论年龄多大，我们都可以选择不成为自己过去的影子，而是要继续探索、学习、成长，活出新我。不进就是止，止就是在时间中重复，重复就如同死亡，甚至比普通意义上的生理"死亡"更可悲。

我们的传统，很忌讳"死亡"这个字眼，尽量不提到。其实，人生除了死亡，没有什么是确定的。一切都是不确定的，只有死亡是确定的、公平的。不论你是谁，最终都是一个结局。到目前为止，这一点绝对公平。尽管先进医疗条件可以延长寿命，但也只是改变程度，并没有改变结果。

而人，只有意识到死亡是一件确定的，且随时可以发生的事情，人生态度才能根本改变。我们必须意识到，死亡，可能就是下一刻要发生的事情。这样，我们才会珍惜每一个看见。

所以，看见本身就是幸福。

引用一句很火的文案：你来到这个世界，只是来体验生命的，你什么都拥有不了，什么都留不住，更不需要证明什么。我们来到这个世间，是为了看花怎么开，水怎么流，太阳怎么升起，夕阳何时落下。

请再去认真看见你的妻子或你的丈夫，就好像第一次看见他（她）一样。请认真看这个世界，就好像第一次看见它那样。为什么？因为如果你是第一次看见，你的眼睛会充满新鲜感，心也会活过来，不断刺激产生正面情绪。

积累正面情绪为什么重要？因为这些正面情绪是能量，对于感受幸福十分重要。要想拥有幸福，就必须持续不断地产出和积累正面情绪能量。

从科学角度来看，情绪可以促进记忆的存储。情绪来临时，大脑会尽可能存储一些细节，有助于在未来出现与之相似的情况时做出适当的反应和行动。情绪影响记忆存储还包括当前情绪状态可以与长期记忆一起储存。据研究，在大脑中，这一功能是通过大脑皮层和海马体的相对非特异性的投射系统实现的。

情绪可以触发回忆并影响认知过程。这些效应的一个结果就是，一旦处于特定的情绪状态，人就倾向于回想与该情绪状态相关的记忆，也将根据当前的情绪状态来解释新输入的外部刺激。

人的认知和心境系统之间存在相互激活的"吸引子状态",其结果是情绪状态的连续性导致行为的连续性[1]。比如说当前你的状态是喜悦、幸福的,那么它们与认知相互激活,就可以保持当前的幸福愉悦状态。如果是抑郁情绪状态,就会延长抑郁状态。回忆一下生活中是不是这样?比如,我们在高兴的时候更容易回想起快乐的记忆,处于低落的情绪状态时更容易回想起低落状态形成的记忆。这种连续性对于正面情绪是非常有利的。但对于受过精神创伤,处于负面情绪状态的人而言,打破这种自我延续才是最有利的。所以,对于有过精神创伤,或者目前感觉比较痛苦、不幸福的人来说,就要采用这种方法,像第一次看见这个世界一样看见,永远处于一个正向的、积极的情绪状态中,触发出之前美好的、喜悦的、幸福的情绪,并与这种情绪进一步强化存储。尽量不要再次触发以往的负面情绪,被伤害的经历,因为这相当于重新强化并复写一次负面情绪,会带给你更糟糕的情绪状态。

工作中,我们每次重新打开并改写一个文档后,系统会提示是否保存修改。但是人脑和电脑有些区别,人脑的计算是不可逆的,一旦打开一个"记忆文档",改写之后它就会自动保存,从此就改变了你的长期记忆。根据神经科学研究,每一次读取长期记忆的时候,会自动结合当前的短期记忆,进行重新计算、编码,然后覆写你的长期记忆。如果你当前的短期记忆经常是美好的、幸福的,就可以不断修复能够引发你负面情绪的长期记忆,再次

---

[1] 内容引自艾德蒙·罗尔斯所著的《脑、情绪与抑郁》一书。

覆写长期的不好记忆时会产生美好迷雾，再次想起过去的负面情绪时也会不那么强烈，不那么痛苦，负面感受会变得模糊。但是，如果当前的短期记忆仍然是负面的，就会更加强烈地覆写负面的长期记忆，让人陷入深深痛苦无法自拔。所以，心理学的催眠技巧，就是通过把沉默在潜意识的长期记忆调取起来，然后给予短时正向刺激和抚慰，用一个短期记忆去缓解，从而达到心理疗愈的目的，也是同样的道理。

所以从这个角度，仪式感很重要。这里我们说的仪式感，不一定是多么盛大的规模，多么豪华的场景，可能是下班骑车回家路上，驻足认真欣赏绚烂的晚霞，可能是孩子成绩考得好，深深看着孩子的眼睛，说上一句：你真的好棒啊。可能是遇到不顺心的事儿而情绪低落时的一个"小转换"，可以默念一个小咒语："我转转转"，转换一下视角和心境，像第一次看见一样看见路边的花草、来往的行人，你的内在环境和心情就会立刻发生变化，从内生发的喜悦感会弥漫开来，就是如此神奇。

仪式感的重要性，在于它是一种"看见"——它让我们在快节奏的生活中减速，用心观察和感受生活的细节，把握那些稍纵即逝的美好。让我们能够停下来，看见季节的转换，看见植物的生长，看见爱人脸上的每一个细微的笑容。它让我们在日常生活的琐碎平凡动作之中，感知到存在的意义与价值。

练习步骤

练习像第一次看见一样看见某个人或某个物体，是一种将日常生活中的习以为常转换为新鲜与珍贵的体验方式，特别是当你情绪低落的时候，练习这个方法有利于快速转换心境，持续获取正面情绪。我们可以按照以下步骤尝试。

1. 寂静心境。安抚你心灵的波澜，让所有前来探望的杂念如微风掠过水面，只留下轻柔的一痕。深呼吸，让清新的空气如同神奇的画笔，慢慢涂抹掉心灵的尘埃。

2. 遗弃前知。将你对这个人或物的所有记忆，如同褪色的照片放入记忆的抽屉。每一次经验，每一段情感，都暂时搁置。让你的经验变成空白，等待新的书写。特别是针对过去的情绪伤害不能释怀，请暂时放下。

3. 观察细节。当你置身于那个人或物之前，打开心扉，感受自己像一本书一样敞开，让你的视线如同初升的朝阳，细腻温柔地照耀每一寸地方。注意那些你从未察觉的细微之处：光线如何抚摸着轮廓，阴影如何轻柔地藏匿细节以及在平常忽略的角落，悄然绽放的美。

4. 感受本质。尝试穿透外在的表象，触摸那个人或物的精神内核。试着理解它们的立场利益、存在的意义，它们如何与世界交织互动。让你的心灵感受它们的独特气息，而不是你先前给它们贴上的标签。

5. 珍惜当下。以一颗初遇的心，去编织你和这个人或物之间新的故事。认识到，无论是人还是物，你与它们的每一次相遇都是独一无二的。将这个瞬间，像是捕获蝴蝶的网，缓缓收紧，将这份美妙小心储存。

通过这样的练习，我们将常态的视角转换成发现之眼，以全新的态度体验这世界的万物。人生若只如初见，让我们用心去感受世间的每一份初遇，它们将是我们内心宝库中最闪耀的珍宝。

每当你情绪低落，无论你是在工作场合还是在出租车上，抑或是在厨房里，请立刻记起并练习这个方法，像第一次看见一样去看见你身边的一切，你会拥有完全不同的心境和感受。

实践练习二
我就是喜悦：建设充满幸福能量的生命主体

练习讲解

我们来感受这样一个画面：突然有一天，你见到了很多很多年没有见过的好朋友。一种突如其来的喜悦和兴奋感抓住了你，你感到非常开心。这是一个稀有的正面刺激，类似人生四大喜事之一：他乡遇故知。这一定会给你带来非常兴奋、愉悦的感受和情绪。你们可能会尖叫、拥抱，有说不完的话，你往往会极度专注于对方，激动之情溢于言表。这是一般人都会有的表现。

但现在，我们练习一个方法：当你内心升起喜悦、幸福的情绪时，把你外放的注意力，稍微拉回来一点，朝内看，去专注于这种喜悦，感受它并成为它，在觉知和充满喜悦的同时，再去关注朋友。不要让朋友处在中心，而让朋友处在边缘，你就会专注于你的幸福感，你的幸福就上了一个层级，浓度更高，意味深远，余韵悠长。这是质的改变。

再举个例子，你在浩瀚的海边等着看日出，经过长久专注的等待，太阳终于跃出水面，光芒万丈，霞光四起。你被大自然无与伦比的美震撼，突然间你感到有什么东西在你的内在升起。此时此刻，请忘记太阳，忘记那个带给你感受的外部对象，让它留在外围、边缘。你专注于自己能量上升的感觉。你看见情绪能量的那一刻，它就会蔓延开来，它会变成你的整个身体，你的整个存在。不要只是它的观察者，融入其中。让它进入你的每个细胞，每个毛孔，让幸福能量储存在体内。

这个方法的要点是：以你升起的感受为中心，不要以带给你感受的外部对象为中心。每当有喜乐、幸福时，你往往会觉得它是从外面来的。你遇到了一个朋友，你以为快乐来自你的朋友，来自见到他这件事，但实际情况远非如此简单。喜悦永远在你心中，它以能量形式储存在你的源头。朋友到访、海边日出美景只是帮助你把它激发出来，呈现出来，帮助你看见它在那里。

外部对象只是帮助表达隐藏在你体内情绪能量的真实情况。外部对象不是原因，它们不会在你身上造成什么。无论发生什么，都发生在你身上。你是中心，能量一直都在。只是与这位朋友的会面，这件事儿把隐藏在你体内的能量激发了出来。所以，每当类似场景发生时，保持以内在感受为中心，不要以外部对象为中心,然后你就会对生活中的一切有不同的体悟和态度。

我们来分析一下科学原理。前文我们也提到了,情绪可以触发对储存在新皮层表征中的记忆的回想,从杏仁核和眶额皮层向皮层区域的反向投射实现,类似海马体在新皮层中实现的对特定事件或情节的最新记忆的恢复。具体实现方式如下:当记忆存储于大脑皮层或海马体时,眶额皮层或杏仁核神经元放电所反映的当前任何情绪状态,都会由于从反向投射的神经元到新皮质或海马系统神经元的突触联系,而与记忆联系在一起。随后,由杏仁核或眶额皮层神经元放电所反映的特定情绪状态,将通过联合变化的反向投射链接,增强或产生有这种情绪状态时储存的记忆[①]。

所以,当你感觉到喜悦和幸福时,一定要向内看见,持续关注它,让它蔓延,让它持续增强,充分体验,给自己极强的喜悦情绪和幸福感受,存储下来。当下一次喜悦和幸福情绪来临时,当前的情绪就是提取宝贵幸福记忆的密钥,由于之前的喜悦情绪被深刻体会和记录下来了,所以会很容易相互激发,并进一步增强幸福记忆,幸福能量就可以不断增长。能量一直都在,每个人体内都有储量丰富的"幸福矿",而喜悦的情绪有利于激发和提取幸福能量。

所以,当我们遇到外部正面刺激时,一定要充分利用好这一宝贵的机会,向内看见自己美好的情绪、感受和状态,专注于它,与之融为一体,把幸福能量尽最大可能储存起来,让每个细胞,

---

① 内容引自艾德蒙·罗尔斯所著的《脑、情绪与抑郁》一书。

每个毛孔都洋溢喜悦。每一次练习都是一次积累幸福能量的机会，随着练习的增加，我们可以不断建设充满幸福能量的生命主体。

练习步骤

向内看见喜悦并融入，是持续不断积累幸福能量、获取幸福生活的重要方法。以与朋友重逢为例，我们提供一种简化的步骤可以帮助达到这种状态。

1. 识别感受。在与朋友重逢时，首先意识到自己感到喜悦的情绪。允许自己完全感受这一刻的情绪，不管它是激动、温暖或是另一种喜悦的形式。

2. 暂停片刻。给自己几秒钟的时间，把注意力从外界转移到自己的内心体验中，认真专注于自己的喜悦感受。

3. 内心觉察。把注意力集中在内心的感受上。可能是心跳加速，身体的轻快感，简单的内在温暖，或是任何美好感受，持续保持对内心感受的专注。

4. 深化体验。持续将注意力放在这种喜悦感上，观察它是否会随着更深入的专注而改变。是变得更加强烈、扩散到身体的其他部分，还是产生新的美好情绪。

5. 成为喜悦。有意识地将自己与这份喜悦感同化，融为一体，感觉自己不是在体验喜悦，而是成了喜悦本身，喜悦与幸福融入每个细胞、每个毛孔，产生一种"我就是喜悦"的感受和体验。

6. 保持觉知。在保持向内看见的同时，渐渐地将一部分注意力转回对方。维持喜悦的内观状态，但也开始倾听、参与和回应外部对象，持续引发内在的喜悦情绪。

7. 余韵享受。即使在事件结束很久之后，也要记得回想那种内在的喜悦感，并在任何时刻，都能重新链接到这种幸福的体验，这会给你力量。我们常说，幸福的童年治愈一生，也是类似的道理。

练习这种技巧需要时间和耐心，但逐渐地，它可以帮助你在日常生活中更加深刻地体验和珍惜幸福的时刻，积累幸福能量，拥抱幸福生活。

实践练习三
以我为主：重构幸福和谐亲子关系的法宝

练习讲解

"不辅导功课母慈子孝，一辅导功课鸡飞狗跳"，形象地揭示了家庭作业辅导过程中可能出现的冲突和紧张。因为我们这一代家长大多通过自己的"十年寒窗"获取了高学历，通过读书受教育取得某种意义上的成功。我们总希望在孩子身上复刻自己的成功经验。所以面对孩子学习不认真，或者成绩不及预期，家长就会感到焦虑和挫败。

在辅导过程中，双方的情绪容易升温。家长的焦虑和不耐烦可能会转化为对孩子的批评和指责，而孩子的挫败感和反抗可能会表现为不合作和抵触。这种负面的互动循环不仅无助于学习，而且容易导致家庭氛围紧张，甚至会造成双方的情感和肉体伤害。

根据前面的讲解，我们了解，所有的情绪都是我们的大脑、心智按照所处环境、文化背景、社会道德等标准对外界刺激做出加工后的"能量产品"。从这个角度看，我们的情绪是可以被看见并管理的。

大家都听说过空船效应，这个故事出自庄子的《山木》。方舟而济于河，有虚船来触舟，虽有惼心之人不怒。有一人在其上，则呼张歙之；一呼而不闻，再呼而不闻，于是三呼邪，则必以恶声随之。向也不怒而今也怒，向也虚而今也实。人能虚己以游世，其孰能害之！

故事讲的是，有一个人撑着船在河中行进，突然有一艘空船撞上了它，这时即使是那种心胸狭隘的人也不会发怒。但如果对面船上有一个人，人往往会立即向撞来的船高声呼喊着要对方回避，叫一次没听见，叫两次还没听见，于是第三次叫的时候，就必定用一连串恶毒的辱骂一起喊过去。我们可以对比这两种情况：如果是艘空船，即使心胸狭隘的人也不发脾气；而如果船上有人，几乎所有人都会怒火中烧，义愤填膺，被愤怒的情绪裹挟。对面船上有人和没人两种外部刺激，我们会产生完全不同的情绪反应。

庄子的"空船效应"可以说明一个真相，那就是我们的任何情绪和反应都是可以虚化外物"以我为主"的。通俗地说，就是你的情绪只与你自己有关，这与大家熟知的"我爱你与你无关"有异曲同工之妙。

方法就是，当我们对某人或某个事件产生一种情绪时，不要把情绪放在那个看似有问题的人或有问题的对象上。记住一点：

我是源头，对方只是屏幕。所以不要将注意力放到对方那里，移动到源头，看见你自己。当你感到愤怒时，不要外化你的愤怒，看见愤怒的来源，不要去关注对方。方法就是完全忘记对方，我们只需看见自己内心生起的愤怒能量，深入内心寻找并看见它的来源。当你找到源头的那一刻，保持看见，你就会释然，愤怒会还原成宝贵的能量，你可以目送它回到源头。

在第一章中我们提到，基因设定很顽固，愤怒情绪很狡猾，所以要保持看见。一旦你不去向内看见它，你只关注屏幕，愤怒就像一个魔鬼，越长越大，直到难以控制，挟持绑架了你，并试图让你感觉你和愤怒是一体的。关注对方，关注屏幕，就会给愤怒提供养分，助它成长。所以千万不要这样做。务必向内看见愤怒，特别是在愤怒萌芽升起的初期看见它，它就不会继续长大，它就会定住，失去养分，失去能量。越早看见它，越早断绝它的成长能量，越容易处理。

我是源头，对方只是屏幕。理解你的愤怒情绪，并不全是因为对方的行为或言语触发的。承认情绪的源头在自己这一边，而对方只是触发这些情绪的媒介或"屏幕"。对方之所以能够成功激发愤怒，是因为你内心本来积累了愤怒，如果你心里一点愤怒都没有，就像你银行里没有钱，你取不出来一样。你心里如果没有愤怒，那么任何人都激不起你的愤怒。这句话你可能难以接受，没关系，你用心体会就会理解。

你可能说，我不想这么憋屈自己，有愤怒我就要爆发出来，打击惩罚对方，捍卫自己。如果你不想过好这一生，不想拥有幸福的生活，你当然可以这么做。生活中绝大部分人也都是本能地这么做的，这是最简单、最原始的处理方法。当然也不建议你压抑愤怒，日子久了人会生病。

这个方法要去练习，去体会，而不是动用大脑去评判对错。你一旦掌握了这个方法，就会给你带来极大的转变。要始终明白，愤怒的情绪源于自己内在，而不是由他人控制，你自己可以控制。意识到他人只是投射我们情绪的"屏幕"，这有助于我们从根本上解决情绪问题，并且更有力地管理和调整我们的行为反应。

我们只有能够处理好源头，才能真正成为自己的主人。荷兰哲学家巴鲁赫·德·斯宾诺莎曾说："一个人只要受制于外在的影响，他就是处于被奴役状态。"从这个角度来看，不论你觉得自己多么独立自主，只要外部刺激控制了你，左右了你，你控制不了自己，那么你仍然是奴隶，处于被奴役状态。

在亲子关系中，特别是孩子未成年时，父母处于主导地位，孩子处于从属地位，因此亲子关系出现问题，父母是要负主要责任的。希望为人父母都能够了解这个方法，以我为主，在教养过程中，把孩子当作投射的屏幕。

所以，如果你的孩子存在一些你认为错误的行为和习惯，你觉得愤怒、生气、焦虑，这时候你要及时看见自己的情绪和感受，不要带着情绪和冲动去指责、打骂孩子。亲子关系的核心本质是爱，亲子关系的冲突紧张不是核心，如果让负面情绪能量完全控制了亲子关系的发展和走向，结局一定不是我们想要的。

你可能会说，现在社会竞争这么激烈，难道我就要放任孩子的不正确行为和做法吗？任由孩子我行我素、野蛮生长吗？当然不是，我们这个方法的目的在于处理父母的不良情绪，不是让父母不作为——那就走了另一个极端。

正确的做法分为两步：第一步：处理自己内部情绪能量。完全忘记孩子这一情绪诱发者，我们只需看见自己内心生起的情绪能量，深入内心寻找并看见它的来源，并把送回到源头。第二步：解决孩子的问题。经过第一步的调整，这时候你就是一个正常理性的人，一个对孩子充满爱和关怀的人。这时候，我们不带情绪，不带偏见，不带评判，而是带着爱、包容和理解，去客观理性地分析存在的问题，合理解决问题。这一方法不但可以有效帮助我们建立良好的亲子关系，而且可以应用于任何亲情、友情、爱情的人际关系中，其本质就是不需要任何人承担自己情绪反应的责任，永远自己为自己负责，成为自己真正的主人。

练习步骤

当我们体验到愤怒等任何情绪时，将注意力从所认为的"问题对象"上转移，转而关注自己内心的状态，刚开始非常难，这是一种深刻的自我认识和转化的过程，但只要通过练习成功一次，突破阈值，你就能理解这个方法的神奇效果，以后便可以应用自如。接下来，我们以愤怒为例练习，因为愤怒破坏性真的很大。

1. 感知愤怒。一旦你感觉到愤怒，首先立即看见它的存在，看见就成功了一半。不要否认或压抑这种情绪，客观地看见它，关注它，认识到它在你体内的萌芽发展。

2. 暂停反应。在愤怒情绪冲动让你做出任何外在行为反应之前，刻意给自己一个响应的暂停，持续保持看见。

3. 转移注意力。将你的注意力从外部触发点——即你认为引起愤怒的人或事件——转移到自己内在。

4. 观察体验。观察愤怒在你体内的感觉，它可能表现为身体紧张、心跳加快、一股能量不受控制地左冲右撞等。尝试不加评价地观察它，像一个探照灯一样照耀着，情绪就会像一只小动物在黑暗中被灯光照耀，吓得动弹不得。

5. 寻找源头。继续向更深层次探寻愤怒的根源。这可能是因为基因设定的威胁生存和繁衍的恐惧、挫败感，或是被误解及过去的经验等。

6. 与愤怒对话。在你的内心，试着与愤怒对话，问问它为什么出现，它想告诉你什么。这是一个内在探寻和反思的过程，不要欺骗自己，你会了解根源。

8. 转化能量。意识到情绪能量是可以转化的。通过了解、接受和理解愤怒，将其还原到原始能量，回到源头。

9. 客观理性处理问题。完成这个过程后，你就是一个正常理性的人，不带情绪，不带偏见，不带评判，去客观理性地分析问题和关系的本质，合理解决问题。

通过这些修炼步骤可以帮助你深入了解自己的情绪反应，学会如何有效地管理并转化情绪能量。这个过程加强了内在的觉察，允许个人以更加平衡和明智的方式行事。

实践练习四
一二三，木头人：克服演讲恐惧症的绝招

练习讲解

想象这样一个场景，你正在参加一个大咖云集的重要会议，规模盛大，影响广泛，接下来你将要作一个主题演讲，你感到紧张和焦虑，尽管离你上台发言还有很长的时间，但你仍然无法抑制自己焦灼不安的情绪和感受。我想这个场景，任何一位曾经在重要场合发过言的人都有切身的体会。"演讲恐惧症"是很多人都会面临的问题，只是程度大小不同。据心理学家调查，人们感到最恐惧的事情里，死亡位居第二，排在第一位的居然是当众讲话。

每一种情绪的最初设定，都是为了保护有机体，提高生存率

和繁衍率。在现代社会中，如果这些情绪对事件的发展没有益处，总是给你带来烦恼和痛苦，就是时候进行调整了。

有一个心理学定律叫作耶基斯—多德森定律：当人处于低觉醒状态时，会萎靡不振。随着觉醒程度的升高，人就会越来越警醒，越来越有精神，任务完成表现越好，在某个点达到最优状态。一旦觉醒程度超过这个点，人就会变得焦虑、躁动，容易被分散注意力，表现也会变差。

所以，当我们要完成某一项演讲任务时，如果完全没有焦虑情绪，没有兴奋感，那么对于任务完成是不利的，适当的焦虑是必需的。我们的问题在于，往往会产生过度焦虑甚至恐惧。用理性来思考，我们会发现，尽管我们在演讲前十分焦虑不安，但事实上，演讲从来没有出现过任何不可控的局面，比如当众晕倒。所以把焦虑水平控制在合理的区间，就能够克服演讲恐惧，并能发挥出最优表现水平。

小时候，我们都玩过"一二三，木头人"的群体游戏。只要转身，其他人就不能动了，任何正在进行的动作都停止，甚至表情也要控制，否则就出局。

长大后，在我们心灵的游乐园中，让我们再次玩起这个古老而熟悉的游戏——心理学上的"一二三，木头人"。如同儿童欢跃于户外，我们的情绪亦在内心的空地上蹦跳、躲藏，等待捉住合适的时刻扑向我们，随时都想要碰瓷我们灵魂的核心。

那些"木头人"，是我们内在世界的寓言，它们隐藏于日常喧嚣之下，潜伏在忙碌间暂歇之时。恐惧如影随形，似那远方日落时隐含在暮色中,伸向我们、稍纵即逝的冰冷握手。焦虑像海上的狂风,不定时掀起波涛,使得我们的心舟难以找到安稳的港湾。愤怒则似被囚禁的火山,总在不经意间喷发,将平静生活熔岩般地摧毁和覆盖。很多人总是爱发怒,觉得发泄出来以后心里就舒坦了。其实你每发怒一次,就是燃烧一片荒山,虽然干净了,消毒了,但你的能量损失惨重。

这个方法的奥妙之处就在于这精神游戏的规则——一旦我们转过身来,大声喊出"一二三,木头人",那些情绪的火焰便定格于刹那间的寒冰。在洞察力的明灯下,恐惧僵硬成无声的雕像,焦虑冻结成精美的水晶,愤怒则化为纸上的虚无火焰。

要达到这样的洞见,并非易事。需让我们的心智练习成熟,如同学习走路或骑车,需要加强练习,是一个循序渐进的过程。我们需要一遍又一遍地回顾这个游戏,用静谧的反思与生活的练习来准备。我们要像游戏中的守护者,提醒自己,面对情绪"木头人",我们何时转身,何时凝视。

站在人生路途的某一处,无助地眺望远方,请敏锐地看见,那些悄悄逼近的"木头人"。它们披着恐惧、焦虑、愤怒的外衣,带来无尽的痛苦,长久地折磨着我们。从现在开始,请不要逃避,深呼吸,转过身,用你的意志和勇气去直视它们。你会发现,情绪固然强大,却也无实,非常虚幻,就是一个纸老虎,只要我们有勇气面对,有智慧洞察,它们便不能左右我们的方向。

回到开头我们提到的演讲案例,在等待上台演讲的时间里,你觉得分秒难熬。现在,请直面汹涌而来的不良情绪,客观看见自己的焦虑不安，持续保持看见，保持警觉，不要浪费能量输出焦虑情绪，或做出其他不必要的举动，always be aware。让我们喊出儿时的快乐咒语："一二三，木头人！"学会转身而立，直面深藏于自己内心深处的"洪水猛兽"。瞬间，它们失去力量，我们保持在此时此刻，感受自己客观的存在，让情绪能量慢慢退回到源头，你会感到平静。保持看见，不要让情绪见缝插针地扑向你，你就可以保持内心世界的宁静与和谐，同时能量蓄势待发，你就能够更容易发挥出最佳表现水准。

在繁忙的工作和生活中，当任何负面情绪来临时，让我们学会如何停下来，如何凝视，那些一度让我们无法自已的情绪木头人，便不能够再给我们带来痛苦和烦恼。

练习步骤

每当情绪（任何情绪和感受都适用）汹涌来临时，让我们喊出儿时的快乐咒语："一二三，木头人！"化情绪于无形，保存我们珍贵的能量。我们可以按照以下步骤练习。

1. 看见和接受。当你再次出现各种情绪时，你需要看见并接受自己正在经历的情绪，不要逃避，没有一种情绪是不应该的。不要自欺欺人，看见它，承认它，给它合法地位。正如游戏中必须尽快认识到"木头人"在场地上移动一样，你也需要在心中承认：我正感到恐惧/焦虑/愤怒/紧张。

2. 分辨和命名。如同分辨木头人的移动那样，你需要分辨并命名自己的情绪。例如："这种感觉是焦虑""我的心跳加速，胸部感觉紧绷""过去的屈辱像一条蟒蛇一样缠绕着我，挥之不去"。这一步是将模糊的不适感转化成可管理的具体对象。

3. 分离和理解。通过问自己为何会有这种感受，你可以开始分离情绪与实际事件。就像游戏中"号令者"分析的"木头人"行为模式，理解自己情绪的"攻击模式"，你可以客观探究其根源，并理解自己为何有这样的情绪反应。

4. 定格情绪。现在来到了"冻结"木头人的时刻。客观看见情绪来袭，将自己置于一个观察者的位置，请像儿时一样喊出咒语："一二三，木头人"，把一切都定格。

5. 静态看见。此时你已经认出了情绪，给它命名，分离、理解并看见它。现在就是让情绪保持静态的时候，持续看见它，客观察它。可以使用放松技巧，比如深呼吸、摆动肢体，来减轻情绪对你的影响。

随着不断练习，你能够在情绪出现萌芽的第一时间看见它、化解它、消融它，让情绪能量回到源头。你看着它，它就被定住，它无法继续长大，它就无法去破坏。一起练习吧，真的很好用。

实践练习五
扎根当下：拥有开悟爱情关系的秘诀

练习讲解

在所有人际关系中，爱情关系应该是最容易让人产生情绪波动的一类。当你坠入爱河的时候，你觉得无比幸福，空气中弥漫着香甜，漫天都是粉红泡泡。但是这种表面的完美，随着争论、冲突、不满情绪甚至身体暴力的出现而慢慢变化。不久以后，大部分爱情关系似乎都会变得爱恨交织。爱可以瞬间变成情感的敌对和野蛮的攻击，因为爱情关系，产生极端情绪甚至暴力冲突的案例频频见诸媒体，摧毁程度往往出乎预料。可以说，爱情给予你的痛苦，就像给予你的欢乐一样多。

我们回顾引起舆论广泛关注的两个关于爱情的极端案例。

一个是北京大学包丽案，更准确的说法或许是"牟林翰虐待案"。2019年10月，北京大学法学院2016级的女生包丽（化名）在宾馆服药自杀。其后，她的妈妈与朋友发现，包丽在自杀前曾遭到男友牟林翰接近一年的精神虐待。牟林翰以不满包丽不是处女为由，对其进行高密度的辱骂行为，并提出："你为我怀一个孩子，然后打掉""切除输卵管，带回来给我"等要求，微信聊天记录充斥着忌妒、愤怒、焦虑的极端复杂情绪。

另一个是重庆姐弟坠亡案。2020年11月2日，重庆某小区一男一女共谋将两幼童从高楼扔下，致两幼童死亡。凶手是两个孩子的亲生父亲及其女友。两凶手因为担心结婚后，孩子会影响他们的婚姻幸福而做出这一丧尽天良的举动。2023年5月，重庆姐弟坠亡案二审维持宣判，张波、叶诚尘被判死刑。

我们不从法律和道德层面评判这两个案例，而是从情绪对生命及幸福的影响角度来分析。这两个案例，都是被外部事件激发出激烈、持久的负面情绪，并被负面情绪裹挟，与负面情绪融为一体。此时，两个案件中的四位当事人，都已经被巨大的负面情绪能量支配，失去了一个正常人应该具备的理性与思考。这个强烈的外部刺激是什么呢？北京大学包丽案中，牟林翰总是对过去已经发生的事情反复回忆、联想、评判，产生激烈情绪；重庆姐弟坠亡案是对未来过度担忧和想象引致，产生极端想法和行动。

为什么会这样？在爱情关系中，人的激素分泌和神经系统机制会发生很大变化，也就是说有机体的内环境发生很大变化，人的情绪极易被原本普通平常的外部刺激点燃。且不论是正面情绪还是负面情绪，都极其容易在双方交互中产生共振。当正面情绪发生共振时，人们体会到极致美好的爱情体验；当负面情绪发生共振时，往往容易产生极端刑事案件。

从心理学角度来看，所有的思绪都是一种欲望机制。我们的心总是在欲望中，总是在寻找什么，要求什么、评判什么。而思考和感觉的对象往往是在未来，抑或是在过去。我们的头脑根本不关心现在，不关心当下。因为在这一刻，在当下，心或者说思绪无法移动。思绪需要在未来或者过去进行移动，它不能在当下移动。而真实就在现在、就在当下，但是心总是喜欢去未来或过去，所以心与真实之间往往很难相遇。

认知心理学上有个概念叫作"心智游移"，也就是说注意力偏离当前正在执行的任务，将执行控制从主要任务上移开，转而处理个人目标。心理学家乔纳森·斯莫尔伍德（Johathan Smallwood）和乔纳森·斯库勒（Johathan Schooler）指出，在一个人思考的时候，多达 15%~50% 的时间是花在走神上的。心理学家经常将"与手头任务相关的想法"和"侵入并让人分心的想法"区分开来，侵入并让人分心的想法通常不是基于外部刺激，而是来自一个人内在思维过程。

所以，心智像一只活泼好动的小狗，它陪着你走在人生的路途上，但它总是跑到前头，或者跑到身后，它每时每刻都需要移动，它静不下来。它忽而跳跃在你的未来，带来烦躁、焦虑、担忧的信息，忽而转身奔回你的过去，重现你曾经受到的伤害、屈辱，你曾经犯的错，生气、抑郁、内疚、委屈爬上心头。你知道，无论是在忙碌的白天，还是寂静的黑夜，这只活泼的小狗总是不肯平静下来。它那细腻的耳朵在聆听，灵巧的鼻子在嗅索，总想着要捕捉生命中已经发生或者尚未发生的每一丝奥秘，忙碌不安、从不停息。

事实上，过去发生的事情我们无法改变，未来还没有发生的事情我们也无须焦虑。只有当下，是我们真正能够把握的，未来也只有变成当下才能够为我们拥有和把握。所以，管住思绪的小狗就是要活在当下，要在此时此刻。要把自我扎根在此时此刻，自我有一种深深的扎根感。体会那种感受，体会那种以自我为中心活在当下的重心感。

只有扎根在当下，以自我为中心，你才能够稳住。一旦你被各种关系、情绪和外部的对象干扰，你的思绪就会在游荡，游荡在过去，游荡在未来。游荡在各种焦虑、恐惧、愤怒的情绪当中，你就没有办法去客观、理性、恰当地处理关系，所有的关系将会陷入一团糟。所以你一定要稳住，稳在此时此刻，稳在当下，扎根在当下。尤其注意不要与负面情绪共振，当你体会到这种感觉，你就能够游刃有余地处理各种关系。

在爱情关系中，"爱"应该是这一关系的绝对主角，除了爱本身，其他的任何感受都是"非爱"感受。而对过去和未来的忌妒、担忧、恐惧、焦虑的情绪都是"非爱"感受，是爱情的杂音。如果让杂音侵占了爱情的主旋律，我们往往会做出一些变形的动作和错误的决策，致使这段关系难以善终。爱情关系是尤其让人思绪翻飞、情绪波动起伏的关系，尤其需要管住心智的小狗，避免它不停地跑到过去，跑到未来，产生各种极端的情绪和反应，给关系的客观、健康发展带来极其不利的影响。这个方法就是要对当下，对手头事保持专注，心无旁骛，不让前后飘忽不定的思绪影响你的理性和行为，学会在不被思绪、情绪干扰的情况下表达感受、诉求，用一种开放的、非防御性的方式沟通和交流。

回到我们前面提到的两个极端案例。两对恋人没有活在当下，他们一对活在过去已经发生无法改变的事件里，另一对活在对未来无谓的担忧里，不断共振产生激烈情绪，并被情绪裹挟。这两个案例看似情节不同，但是存在一个相同的本质问题：都希望对方为自己的爱情和幸福负责。觉得爱情进展不顺利，都是对方的缺点或过错造成的。所以不管对方这个所谓的过错是什么，都必须改变，以适应我对美好爱情的想象。从神经科学的角度来看，爱情是大脑里的化学反应。所谓的"在茫茫人海中找到那一个唯一，相爱结婚，白头偕老，从一而终"，这是人类文明发展的产物，几乎没有任何生理学支撑。而人类对于"无瑕爱情"的执着往往会导致错误的决策。明明两个人不合适，明明两个人已经没有感情，明明两个人存在难以逾越的坎儿，却硬要勉强，即使互相伤害也要捆绑在一起，这就叫作执迷不悟。

悲剧发生后，当法律和严惩摆在眼前，他们才终于意识到，负面情绪能量是多么可怕，他们像着了魔一样，做出了自己可能都难以置信的举动。当情绪的迷雾散去，他们才终于正常了。如果时光可以倒流，他们应该会选择不一样的路。对于他们而言，一切都太迟了。

对于我们而言，一切都来得及。如果我们能够学会活在当下，扎根当下，只有自己能为爱情负责，不要指望对方为爱情负责，就能够做到把虚无情绪与客观真实分离开来，从而把握爱情的主旋律，剔除干扰的杂音，避免类似的悲剧再次上演，拥有更加美妙的开悟爱情。

在包括爱情关系的任何关系中，只有扎根当下，才能内心强大。针对已经拥有的东西，去运用它、享受它、感恩它，我们就会更加幸福。当代表过去或未来的心智小狗跑来干扰你，记住这个释放情绪的小咒语："GO！ GO！ GO！"把你的思绪水草从清澈的湖水中摘走，你的心境就会更加清澈明朗，你的决定就会更加理性客观，你的生活就会更加幸福美好。

练习步骤

在爱情关系中，女性较为容易"上纲上线"，没有回复信息就是不爱了，没有记住纪念日就是不爱了，出差没有买礼物就是不爱了，情绪上头，冲突不断。要想经营好爱情，我们可以按照以下步骤练习。

1. 意识到心智小狗。要想管住那只活泼不安、永远忙碌的心智小狗，首先，我们承认并意识到内心那只小狗的存在，意识到它不断飘忽于过去和未来的行为方式，以及这种行为对你的影响。

2. 客观看见。接受它带来的所有情绪，无论是积极还是消极的。不要尝试抑制或者逃避它们，客观地看见它们，并尝试用客观的态度理解它们背后的源头。

3. 专注当下。当注意到心智小狗又开始活跃时，及时看见，并念出咒语："GO！ GO！ GO！"告诉自己："现在是活在当下的时刻，过去已经无法改变，未来尚未到来，所以专注于现在。"

4. 情绪隔离。关注自己当前的工作任务，并全神贯注于完成它们。这样可以帮助你保持在当下，得到完成任务后的成就感和满足感。你的情绪状态会得到调整，你会从负面情绪状态中分离出来。

5. 阻断负面情绪的连续状态。可以结合实践练习一：人生若只如初见，及时切断负面情绪，杜绝负面情绪持续累积、板结，用正面情绪能量对冲、间隔负面情绪能量。客观理性处理问题，维护关系和谐健康发展。

遵循以上步骤，并且坚持不懈地练习，逐步将可以更好地管理你的情绪小狗，让它变得更加平静和顺从，进而在情绪的波动中找到内心的安宁，活在当下，并拥抱幸福。

实践练习六
洗碗之禅：学会与难熬的情境和谐共舞的技巧

练习讲解

想象一个生活中常见的场景，在欢声笑语的温馨客厅和寂静忙碌的厨房之间，上演着一幕现实生活中常见的对比场景。家人、朋友坐在舒适的沙发上，手中捧着散发着暖意的茶，谈笑风生。而厨房里，跳跃的水花和堆积如山的餐具构成了一种独特的节奏，那是属于洗碗者的独奏。

洗碗，应该是很多人的噩梦。你烦透了，讨厌洗碗。

你站在水槽前，两手沉浸在泡沫间，碗碟间或清脆或沉闷的声音，伴随着窗外微风轻拂的声响。手上的泡沫仿佛是时间的缩影，每一朵泡沫的破灭，都是一刻时光的流逝。客厅里的谈笑声仿佛是伊甸园里的苹果诱惑着你，你心里莫名的焦躁，洗碗的动作不免加快了些许，甚至一不留神，"啪"，一个盘子掉下来，碎了一地。

洗碗，只是一个简单的例子。其实可以延伸到任何让我们不舒服、不愉悦的事儿或者处境，我们感觉不舒服，我们想赶快结束，我们想逃离。一走了之，当然最好。但很多时候，我们却不得不完成。我们不得不应付一个无礼的客户，我们不得不开个又臭又长的形式主义会议，我们不得不下雪天踩着湿透的鞋出门办急事儿。我们有很多不得已，必须做。这时候，往往情绪涌上心头，心态崩溃。

成年人，你有崩溃的权利，但你也有可以不崩溃的选择。而这个方法就是，看见痛苦，与之拉开距离。

别人都喝茶看电视，我在洗碗，太烦了。焦虑和急躁之情涌上心头，让我们停下来，深呼吸，看见情绪，保持距离。专注于自己，看见自己此刻正站在厨房中，手中把握着一只盘子，转动着海绵，看见并感受着水流穿过手指的清凉。在这样的看见中，保持与情绪的距离，每一个动作都变得有意义。

洗碗不再是一个要完成的任务，而是一种自我修炼，一场静谧的内在对话。每一只洁净的餐具成了流水般存在的印记，代表着一种简单的完成与满足感。一种简单而纯粹的存在感，是所有复杂情绪之外的宁静。

这时，你明白你并不是独自一人洗碗，而是已经与当下每一个瞬间、这个客观现实和谐地融在一起。

活在当下，认真洗碗，不回忆过去，不期待未来。

客厅的聊天声，厨房的水声，都在这个宇宙的交响乐中找到了它们应有的位置。你洗的每一只碗，都在告诉你，生活的乐谱是由无数这样寻常却充满意义的片段组成的。

练习步骤

认真洗碗并不仅仅是一份清洁工作，而是一个涉及深度自我意识和当下存在感的过程。我们可以采取以下步骤练习。

1. 客观看见。在开始洗碗前，深呼吸几次，放慢你的呼吸节奏，让自己静下心来。目光轻轻地扫过堆积如山的餐具，不以任何评判来看待它们，只是简单地观察它们的存在。

2. 看见洗碗。打开水龙头，感受手下水流的温度和水流的力度。让这感觉在你的意识中成为当下的一个焦点。选择一只碗开始清洗，全神贯注地观察自己的行动，感受海绵在碗面上的每一个动作。

3. 看见细节。当你看见自己洗碗，认真观察自己动作的每个细节，水在碗上流过的轨迹，泡沫在光线中的反射。注意你手臂和手腕的动作，手指握持海绵的方式，碗中的食物残渣被清除的过程。

4. 集中注意。当你意识到自己的思绪飘到了客厅的谈笑声或是别的杂念上时，柔和地将注意力拉回到手中的盘子和洗碗的动作上。不要对自己有任何批判，意识到分散的思想很正常，重要的是察觉并轻易地返回到当下。

5. 看见感受。感受你的脚站在地板上的根基感，你的身体在水温和房间温度之间的变化。每洗完一件餐具，暂时地将其放在一边，再重复上述过程，选择下一件待洗的餐具。洗碗结束后，花一些时间欣赏你的工作成果，不论是艰巨还是微小的工作，都值得被肯定。

这个过程不只是关于清洁，它还是一种内心的修炼，旨在培养我们与每个当下和谐共处的能力，特别是不那么令人愉快的当下。保持正念，不带评判，即使是平凡或烦琐的日常家务，也可以变得充满意义和活力。

实践练习七
呼的艺术：释放体内的焦虑与痛苦的诀窍

练习讲解

观呼吸，是一门古老的修行艺术。我相信，大家都或多或少知道一些呼吸的方法，最简单的就是深呼吸。当要在重要场合上台演讲时，我们经常深呼吸，然后一鼓作气上台。简单却有效。

我们的情绪产生往往受到外部刺激的诱发。外部刺激包括我们有机体外部的某件事儿，也包括我们有机体内部唤起的某些事儿。本书第一章提到了情绪产生的三个环节，其中第二个环节是发生在我们机体内部的。葡萄牙著名神经科学、心理学和哲学教授安东尼奥·达马西奥在其著作《当感受涌现时》中指出，我们对有机体内环境和内脏的控制是非常有限的。但有一个例外，就是控制呼吸。因此，调节控制呼吸有利于我们调整情绪。

下面我们要介绍的方法很简单：强调呼气。只重视呼气，不要关心吸气。让身体自己本能做吸气的工作，你只是全神贯注于做呼气的工作。用力呼气，不要吸气，身体会本能自行吸气。不用担心憋着。身体会吸气，你只要把气呼出去。

学过声乐的朋友可能了解一个声乐气息训练：胸腹式联合呼吸法。具体做法是：先将体内余气全部呼出，再自然吸气，此时才容易体会到将气吸到肺底、两肋打开的感觉，否则易成为胸式呼吸。

从科学角度来解释，人的肺里有 3 亿～5 亿个肺泡，肺泡壁总面积可达 100 平方米。统计数据显示，90% 的人一生只用了肺的 1/3。

人的呼吸太短促，使空气不能深入肺叶下端。因为人在一般情况下，从来不会完全呼气，不会深入彻底的呼气，只是浅呼吸，偶尔深入吸气，所以，2/3 的肺泡中充满了需要呼出的有害气体。这些陈年老气体，常年氤氲在肺泡中，会导致在你的思想和身体中产生很多焦虑、痛苦。

练习这个方法，你的身体会更健康，头脑会更健康，一种不同的平静、自在、安宁的感受会发展起来。

练习步骤

每天用 3～5 分钟时间深深地呼气,坐在椅子上或站立,深深地呼气。呼气时闭上眼睛,然后让身体吸气,空气进来时,睁开眼睛。

1. 环境准备。找到一个安静的地方,选择一个舒适的坐姿,可以坐在椅子上或者舒服地站立。

2. 放松身心。闭上眼睛,放松你的身体。可以从头部开始,慢慢放松面部肌肉,然后是肩膀、胸部、腹部、臀部、大腿、小腿,一直到脚尖。

3. 完全呼气。呼气时闭上眼睛,慢慢地呼气,将注意力集中在呼气的感觉上,将空气从腹部推出,直到肺部空气完全呼出。在这个过程中,你可以意识到空气的离开,而你的意识或自我则随着呼气向内"进入"。

4. 自然吸气。当你呼气到底,自然而然地开始吸气时,睁开眼睛,将意识或自我扩散到你所在的空间中。

5. 持续呼气。继续保持这种模式:闭上眼睛,集中注意力在呼气上,感受"自我"随着呼气向内退去;然后在吸气时睁开眼睛,将"自我"随着空气向外扩散。

继续重复这个过程,完全且只关注呼气,多多练习,你会感觉宁静平和。

实践练习八
拉开距离：化解疼痛焦虑情绪的技能

练习讲解

疼痛是我们经常会遇到的问题，不说生孩子、受伤这些，在日常生活中，口腔溃疡，膝盖磕在桌角上，甚至在无意识中被锋利的纸张划出一道血口子，都很疼。我是一个对疼痛很敏感的人。小的时候不小心手指被刀切了个口子，我觉得是天大的事儿；夏天穿裙子疯跑的时候摔倒，膝盖磕得血淋淋的，我就会号啕大哭。可以说，生活中的小病小痛像是晴空里出现的阴郁，总在不经意间光临。

本质上，疼痛是一种传导机制。我们常常被教导要逃避疼痛，将它视作敌人，但痛感真的只是一种幻觉，一种由神经传递至大脑的信号，是身体对心灵喊话的方式。若是我们转换视角，不再逃避，而是勇敢地正视它，我们会发现疼痛并非绝对的存在。看见疼痛，我们开始理解它，让我们与痛楚之间产生分离，即便它仍旧静静地依附于我们。

看见疼痛，就像稻草人看着即将成熟的田野。它不再是你的全部，只是景色中的一部分。你意识到它的确切位置，在你的身体地图上轻轻作标记。随着这样的观察，你的呼吸逐渐放慢，心跳也更加平稳，一种奇异的轻松感开始从你的心间泛起，仿佛疼痛之花正慢慢谢幕。

在这个过程中，我们的注意力像是一盏灯，它不去驱逐黑暗，只是简单地照耀。疼痛在这照耀下变得透明，我们对它的感知和反应变得更加内省和理智。这就是真正的疗愈：不是擦去所有痛楚，而是学会在痛楚中感知。

看见疼痛，并非一味地忍受或抗争，而是一种洞察，一种用心聆听和平和接受的智慧。在那洞察力的照射下，曾经让我们颤抖的疼痛，如今只不过是生命真实感受的细微部分。

练习步骤

看见疼痛并与之距离化是一个实践过程，我们仍然保持疼痛的感受，但我们可以剥离疼痛带来的焦虑情绪。一般而言，有情绪就一定有感受，有感受却不一定有情绪。比如，一位妈妈切菜的时候走神，食指不小心被切了一个小口子，她会有疼痛的感受，但她可能没有情绪，她只当作一个客观发生的普通事件，她会回过神来，波澜不惊地打开抽屉找点云南白药和创可贴。这就是做到了没有焦虑和痛苦情绪。我们可以按照以下步骤进行练习。

1. 正视疼痛。要接受疼痛是身体发出的信号，不要否认它的存在，看见它。试图忽略它往往会使痛感变得更加强烈。

2. 仔细感受。仔细感受疼痛，尝试确定它在身体中的具体位置。是钝痛还是锐痛？是持续的还是阵发的？对痛感进行精确的定位有助于你更好地与其交流和理解。

3. 观察疼痛。用感知疼痛的方式对其进行观察，但不是要分析它。想象疼痛有颜色、形状或质感，正视它，而不是从情感上与之融合。

4. 疏离疼痛。通过观察，你会开始感到自己与疼痛之间存在距离。尽管疼痛还在那儿，但你与它不再是融为一体的。在这个过程中，你觉察到的不再只是疼痛，还有自己对疼痛的态度和反应。要把疼痛本身和情绪反应分离开来。

5. 改变焦点。将意识扩展到身体的其他部分。感受不疼痛的区域，可能是手脚或脸部。这有助于将注意力从疼痛转移到身体的整体上，改变了注意力的焦点。

6. 发挥想象。想象一个舒适的场景或与疼痛对立的感觉。例如，如果你的疼痛是灼热感，你可以想象一个清凉的溪流在你的疼痛部位流过。疼痛仍在那里，但负面情绪已经被剥离和消融。

当然，这些步骤是针对已经科学处理和干预后的疼痛，帮助处理疼痛带来的负面情绪，我们主要处理的是情绪。在特定病痛情况下，如果疼痛持续或加剧，请务必及时寻求医疗专业人士的帮助。

实践练习九
点状人生：时间与情绪的管理神器

练习讲解

想象一个生活场景。今天你与男朋友因为某种原因吵架，不欢而散。夜幕降临，也未能给你带来平静和安宁。躺在床上，思绪如同野马一般难以捉摸，被今日的不快所牵绊，内心的波涛像是不肯平息的海浪，一遍遍地冲击着意识的岸边。在黑夜的宁静中，平稳的床也似乎变成了一个浮动的小舟，你止不住地回忆吵架的场景，脑海中男朋友激烈的话语如回声般循环播放，不断放大你的不安，你在愤怒、委屈、自责等各种情绪的冲击中辗转难眠。即便是疲惫的身体渴求休息，心灵却无法得到片刻的宁静。

尽管设法平息情绪,试图说服自己明天是新的一天,但夜长梦多,睡意始终敬谢不敏。随着时钟的嘀嗒声响彻寂静的房间,每一次翻身都像是在无形的压力之下挣扎,内心的不安与焦虑始终难以退去。

生活中,我们常常为发生过的各类不愉快所困扰。我们无法掌握每一个发生在外界的不愉快事件,但我们可以学习如何聚焦于那些快乐的时刻,并控制那些不开心的帧幕不再拉长。珍视现在,不仅是活在当下的智慧,更是我们内在能量的展现。让我们的心灵练习这种精致的时间之舞,即使是仅有一秒的时光,也要让它变得充满希望和喜悦。因为生活,即便是由无数微小的秒合成,每一秒都值得我们以最美的姿态去迎接。

如花朵在春风中轻轻摇曳,时而被雨水轻抚,时而迎接着露珠的馈赠。我们的情绪同样需要季节的更替,经历冬日的寒冷以迎来春暖花开。在那些必经的寒冬,让我们练习在每一个悲伤的片刻之后,都能找到内心的春天,哪怕那春天短暂如一瞬。

通过将不愉快的事件局限于逐渐收缩的时间范围内,我们像是在心灵的沙漏里精心筛选着时间的颗粒。不是让沙漏永远倒置,而是在适当的时刻将其翻转,让更多的喜悦流淌。

一个漫长的夜晚,一个宁静的午后,一段独处的时刻,就足以为心灵做个按摩,软化那些坚硬的角落。然后,我们渐渐学着在每一个小时里找到力量,在每一个分秒中寻找启示。正所谓:一念悟一念喜,念念悟念念喜。

愤怒和不快可能如同夏日的午后雷阵雨,迅猛而短暂。它们的降临往往在我们意识到之前，我们要学会第一时间看见，而后，让心灵的天空迅速晴朗。每当那些不快被装进一个快速流逝的容器，那精神上的雨后天晴便更加迅速到来。从一整夜到仅有一秒，我们将逐渐学会如何以稳定的节奏，引领自己从阴霾走向光明，从喧嚣回归宁静。

"点状人生"修炼本质上是把时间管理与情绪管理相结合，以达到减少和限定负面情绪对生活影响的效果。通过将一天细分成较小的时间单元并在这些小单元中处理和限定不愉快和痛苦，可以帮助人们更加专注和投入当下，提高幸福指数。

练习步骤

每当生活中发生一些不愉快的事件，虽然事情已经过去了，但我们的思绪还反复回顾，遭受痛苦的折磨。这时候，让我们通过以下步骤进行练习，把不愉快限定在越来越短的时间区间内，最后甚至达到过"点状人生"的状态，即上一秒的不愉快，下一秒就能做到抛至九霄云外。

1. 设定限制。我们要学会看见自己的情绪和感受。一旦觉察到负面情绪，立即标记它的存在，快速溯源，看清情绪的前因后果。为负面情绪的体验设定时间限制。例如，决定给自己一分钟的时间去认真而彻底地看见并感受沮丧，然后立即停止，转换心境。

2. 快速转变。可以配合使用小咒语：我"变变变"，帮助快速从负面情绪状态中转换出来。

3. 不断练习。将一天划分成几个时间段，然后在每个时间段内训练自己放下负面情绪，回到平静状态。

4. 缩短时间。在练习看见并感受负面情绪的同时，不断尝试缩短允许自己陷入不良情绪的时长。在自己设定的每个细分时间段结束时，立刻走出情绪困扰。

实践"点状人生"的关键是要记住，虽然我们不能完全控制情绪发生，但我们可以控制对情绪的反应和处理时间。这需要不断练习和实践，才能逐渐提高情绪化解的效率。

实践练习十
逆时"倒带":治疗失眠问题的妙招

练习讲解

现代社会,人们面临的工作生活压力越来越大,接收的信息越来越多,睡眠障碍成了困扰很多人的问题。不但中老年人容易失眠,很多年轻人也被失眠问题困扰。

人为什么会失眠?表面上是有很多原因的。一是心理因素,部分人由于工作、生活压力较大,会出现紧张、焦虑的状态,导致大脑长期处于兴奋状态,进而引起失眠症。二是环境因素,如果是在吵闹、温度不适宜的环境中入睡,可能会影响睡眠。三是生活习惯,睡前喜欢喝咖啡、浓茶等饮料,其中的咖啡因会使大脑神经兴奋,导致精神亢奋,从而出现失眠的情况。四是疾病因素,可能会导致患者出现神经衰弱的情况,出现失眠状况。

根据科学研究,我们体内与睡眠相关的有多种神经递质,其中有一种叫伽马氨基丁酸,简称 GABA,是大脑中一种最主要、最普遍的抑制性神经递质。它的存在能够抑制突触,让突触两头的神经细胞无法被激活去传递神经脉冲,突触就被强制沉默了。还有一种叫腺苷,也是一种抑制性神经递质,它最重要的功能是促进睡眠。腺苷越多,越想睡觉,如果往大脑的脑室中直接注入腺苷,动物的清醒度就会立马下降,迅速进入睡眠状态。另外还有松果体分泌的褪黑素。这些神经递质都是在放松的情况下,会分泌更多,工作效率也更高,入睡也会更容易。所以要改善失眠,很关键的是要做到尽可能放松下来。如果我们一直对外界保持警醒,就不可能睡着。

我们练习一个放松促进睡眠的诀窍,当你晚上准备入睡时,从此时此刻开始,往前倒退回顾一整天的记忆。一步一步地回到你早上刚刚醒来时的体验。你需要回忆这一天发生的任何事情,任何可以记起的事情,看见它,但不要参与其中。记住它,就像记住别人的生活一样。当这件事再次被想起,被拍摄,再次出现在大脑屏幕上时,要做一个旁观者、一个见证者、一个观察者,要置身事外,保持超脱。这是一个展开和退绕(unwinding)的过程。当你"倒带"回到刚刚躺在床上的早晨,回到早上的醒来这件事时,你将再次拥有与早上相同的清新头脑,然后你可以像个孩子一样入睡。

举个例子，今天下午有人侮辱了你。现在，作为一个观察者，去看见自己被某人侮辱，不要参与，不要再生气。他不是在侮辱你，他是在侮辱下午的那个和你长得一样的人，现在下午那个受辱状态的你已经没有了。因此，当你在晚上回想当天发生的事情时，请记住你是见证人，不要代入，不要生气。如果有人赞美你，也不要得意忘形。就好像你在看电影一样冷漠地看待整个事情，你会放松下来。

如果你有任何睡眠问题，容易失眠，总是难以入睡，这个方法将有很大帮助。为什么？因为这是心灵的放松。当你"倒带"回去时，你正在放松你的头脑。你从早上开始纠结，心里藏着很多事情，很多地方变得纠缠不清。未完成的许多事情会留在心中，没有时间让它们在发生的那一刻安定下来。

这和很多专家建议的复盘不是一回事。他们总是说从早上开始回忆，这是没有多少益处的。因为那样你就会重新强调整件事，深陷其中，结越打越紧，就无法做到放松。相反，整个事件被重新强调了，是不利的。所以，不要从早上回忆到晚上，而是从睡前这一刻往前倒退。

头脑想从早上开始，因为它更加简单易行。那么，你也可以训练你的头脑先练习回顾其他简单的事情。例如，就从100倒数回来，99、98、97……从100到1，倒退。

这个放松方法难度不大，但需要持之以恒。今晚就在你的床上"倒带"，你会觉得很美，你会感到很幸福。你会有一种很奇怪的感觉，因为很多事情会浮现在你的眼前。在这一天中你真的错过了很多事情，因为你太投入而忽略了。但即使你不知道，心也会继续收集信息。

比如，你正穿过一条街道。有人在唱歌，但你可能没有注意。你甚至可能没有意识到你听到了声音，只是在街上经过。但是心已经听到并记录下来了。现在它会把记录的信息坚持下去，这将成为你不必要的负担。所以倒回去，但要非常慢，就好像一部电影正在以非常慢的动作放映给你。回去看看细节，然后你的一天会看起来很长很长。因为对于头脑来说，有太多的信息，头脑已经记录了一切。一旦你可以回去，它就像一个录音机被消磁了。你将容易入睡，且睡眠质量会大大提高，你将沉睡并得到充分休息。

白天，你看到一栋漂亮的房子，你心中升起了一种微妙的渴望，想要拥有它。但是你要赶去上班，没有时间驻足，你只是匆匆路过。你甚至没有注意到心已经产生了拥有这所房子的愿望。可现在那个欲望就悬在那里，不能去除，就很难入睡。

所以，睡眠困难基本上只意味着一件事，你的一天仍然笼罩着你，你无法摆脱它，你执着于它。然后在晚上你会梦见你成为这所房子的主人，现在你住在这所房子里。当这个梦来到你身边的那一刻，你的心就释然了。每日"倒带"就是把这些悬浮在脑海中的欲念、情绪、思虑等大脑程序关闭。

这有点类似电脑关机，结束一天工作后，我们需要关闭电脑，但此时电脑里仍然运行着多个程序，电脑会弹窗，某某程序仍然在运行，是否需要关闭，等我们把运行的程序一一关闭，电脑才能关闭。人脑和电脑相似，如果你的脑海中仍然运行着多个程序，你就很难"关机入睡"。

同时，这种"倒带"的方法还可以在更长的时间区间内进行，来疗愈以往的精神创伤。如果你能倒退，放松你的一生，那么许多创伤造成的心理问题和痛苦就会随之彻底消失。如果你慢慢回过头来，慢慢地将思绪放松到受伤事件发生的时候，以一个旁观者的姿态看见，保持放松，你就会知道，你的心理创伤基本上是某些外部事物和某些心理事物的复合体。你什么都不需要做，只是倒退回来，冷漠地看见，不去认同，不去代入。这是一种深刻的宣泄，复合体般的症结将被打破、退绕，困扰你的痛苦也将随之消融。

练习步骤

逆时"倒带"可以帮助我们解决失眠难题，还可以有效化解以往受到的创伤，这个方法非常有效。如果我们每天都练习这个方法，就不会为过去的负担所累。甚至从此以后，我们不需要回到遥远的过去，我们将从此就在此时此地，不会有任何悬而未决的东西会盘亘在我们的头脑中。我们可以尝试以下方法练习。

1. 准备阶段。在你的卧室营造一个平和且适合睡眠的环境。关闭所有干扰元素，比如手机和电脑。躺在床上，找到一个令你感到舒适的姿势。深呼吸几次，让你的身体开始放松。

2. 启动回忆。闭上你的眼睛，将注意力集中在今天刚结束的时刻。你现在要在心里做一场逆向旅行，最终会回到这一天的开始。

3. 逐步倒退。从入睡前这一刻开始，慢慢地一步一步回溯到早晨。试着回忆起一天中发生的每一个细节，每一次交谈，每一个事件，每一道食物的味道，甚至是空气中的气味。记得，在这一过程中你只是一个观察者，你看到的每一幕都像是一部电影的场景一样缓缓展现在你的眼前。

4. 保持距离。当你回忆这些场景时，保持情感上的超脱。观察发生的事情，但不要让自己卷入其中，做个见证者。如果你碰到了令人不悦的记忆，确保置身事外，以一个旁观者的姿态客观观察，不要认同，不去评判，不产生任何情绪，让它过去，继续你的"倒带"之旅。

5. 回到起点。当你"倒带"到早晨醒来的那一刻，试图回忆起你睁开眼睛的第一感受。是温暖的阳光，还是某种特别的声音？让这个记忆成为你回忆的终点。

6. 恢复清新。停留在这个早晨醒来的瞬间，尽量复现当时的感觉，让自己的心灵重新感受到那种全新开始的清新，将这份清新感代入现在，让它洗涤一天的疲惫。

7. 平和入睡。保持着这种清新和平和的状态，你现在就可以像个孩子一样轻松入睡了。如果你的心态仍然保持观察者的角度，即使在梦中，你也会感到一种超脱和宁静。

通过这种逆时回味的方法，你不仅进行了一天的有意识放松，还通过置身事外的观察，减少了对日间紧张情绪的回应。这种方法有助于你从日间的忙碌中抽离出来，以一个更放松、更平和的心态，迎接睡眠的到来。

实践练习十一
情绪脱钩：管理自己与他人的界限

练习讲解

在人生这场纷繁复杂的棋局中，每个人都是棋手，也是棋子，我们既有权动作，又在规则约束之下。这个规则，便是情绪脱钩的智慧——明白哪些是自己的一亩三分地，哪些是他人瓦上霜，而我们的内心平和与智慧，往往藏匿在这分辨之中。

让我们设想生命是一片广阔的海洋，我们每个人都是驾驭着自己小船的船长。海面上的风浪，有的是我们可以掌舵避开的，那便是我们的工作；有的则是远方的风云，即便波涛汹涌，也并非我们力所能及之事，不必为控制不了的事情而产生情绪。

个中差别，其实并不难辨。你能控制的工作，像是手心持握的一枚硬币，它的去向，由你来决定；他人的工作，则如同遥远星空里的星辰，你可以赞叹它们的光亮，但无法触及其精华。焦虑与痛苦往往来源于想要掌控那些属于别人的星辰，尽管我们的手永远触碰不到它们。

情绪脱钩是一种境界，它要求我们踏实地走在自己的生命小径上，专注于眼前的土地，而不是邻家的花园。它启示我们，每当决策之时，审视问题的核心，将自己的情感和努力集中在可以变革的领域。

情绪脱钩是一种释然，明白自己的无力并非无能，而是对生命的尊重。别人的反应，别人的决定，那是一片我们未被赋予权利耕作的土地，我们可以提供帮助、给予关怀，但无法替他们种下选择的种子。

情绪脱钩还是一种修养，我们不必因他人的选择而沉沦或喜悦，我们的幸福应建立在自己对生活的认可之上，不因外在的风浪而改变航向。懂得情绪脱钩，我们便会在他人的海域遥祝风顺，同时在自己的海面上驾驭风帆，勇往直前。

最终，情绪脱钩是达到内心自由与平和的一条路径。当我们修炼到不为他人的哭笑所动，只为自己内心的平衡所努力时，我们就能如同高山上的松树，风吹云动而根基不摇。我们可以在群山之巅，淡看天下云起云落，而心自如明镜，不染尘埃。

哪些是自己的工作，我们细心呵护；哪些是别人的事务，我们彬彬有礼地尊重。生活充满了未知，而我们，唯有在自己的花园中描绘出最美的风景。让我们以情绪脱钩之智慧,在人生的旅途上绘出最美的风景线,活出最燃的自己。

练习步骤

情绪脱钩是一种决策和反思的过程,借助它,我们可以更好地理解和管理自己与他人的界限。方法虽然简单,但是十分有用,能让你在 1 秒钟内走出情绪阴霾。我们可以按照以下步骤进行。

1. 意识到困扰。首先识别出自己感到焦虑、痛苦或不安的原因,记录下来你所遇到的问题。

2. 定义事务。清晰区分出哪些是自己的事务,哪些是别人的事务。对于自身的事务,考虑哪些是你可以直接影响和改变的。对于他人的事务,辨认出你无法控制或改变的部分。

3. 责任归位。面对每一个问题,问自己:"这是我的责任吗?我能做些什么来应对这个问题?"避免对他人的行为、情绪、选择或反应承担责任。

4. 分析与思考。对于自己的事务,深入分析可能的原因、所需的资源以及可行的解决方案。为他人的事务设立心理界限,知道你可以提供建议和支持,但不能代替他人作出决定,哪怕是最亲密的爱人和朋友。

5. 情绪管理。被他人的行为影响情绪是自然的,但重要的是要学会管理这些情绪,保持理性看见。研习管理负面情绪的方法,摆脱情绪困扰。

6. 沟通与边界设定。当涉及两个人的互动时，清晰地沟通你的感受与界限。确立边界并坚持它们，确保他人知道你不会为他们的行为负责。

7. 行动与接受。没有情绪干扰的行动才是尽可能理性的，制订行动计划并实施它们。

情绪脱钩需不断实践和反思，认识到每次练习都是提高自我意识和管理界限的机会。

透过这些步骤，我们可以逐渐培养出对自己以及他人更健康的态度和反应模式，防止处理问题情绪化，降低不必要的冲突，并提高我们内心的平静和幸福感。

实践练习十二
做个不倒翁：构筑岿然不动的生命根基

练习讲解

如果现在你的脾气还是一点就炸，经常被外部刺激带来的负面情绪困扰，那么你的人生就像是河面的浮萍，随波逐流，无法主宰自己的命运。

在人生这趟曲折的旅途中，我们寻求平衡之道，时而在波澜壮阔的宏观世界间徘徊迷失，时而在细微纷扰的内心深渊中探寻归宿。于是，有一个古老而智慧的诀窍渐渐为人所知——即俗话说的，把心放到肚子里。

想象一下，心不再是扑腾在高处无依的小鸟，不再是挣扎在风暴中的帆船，它变成了安歇于腹间的宝石，沉静、闪耀、有着不动摇的重量。在世界的喧嚣和纷扰中，这颗心宁静地驻守在身体的中央，提醒我们，身体的这一点，这不倒翁的底座，是我们坚实的根基和重心所在。

我们给予它专注的细心照料，随着呼吸进入深邃的腹部，在那里积聚力量，感受生命的脉动。当腹部渐渐变得充盈，就如同一棵树的根在土壤中沉淀、丰盛，它为树冠撒落的繁花和秋季的收获提供了不竭的支撑和养分。

在生活的风浪里，让腹部成为重心，任何时候的波动、任何行动的起伏，总有温暖的、稳定的腹部重心在支撑。心向下沉，降至腹部，此时的我们如同稳固的不倒翁，纵使外界再如何变幻莫测，依旧能保持那份从容和坦然。

随着每一次呼吸，让心智的焦点逐渐向下，直到触及那个平稳的核心。此刻的我们，如同大海中的一叶小舟，虽不免遇到惊涛骇浪，但它的稳固来源于船底深处的沉着和从容。当心完全落入腹中，我们便会发现自己拥有了像海底岩石一般的力量和安宁。

俗话说，把心放在肚子里，这是一次身心合一的修炼，是一种对内在平和的深刻领悟。在这里，我们不再是风中摇曳的柳絮，而是大地上深根的古树，面对狂风骤雨，我们枝叶随风雨飘摇，但根基不动摇，坚韧而从容，致敬着流逝的时光，拥抱着这转瞬即逝的当下。

任世界如何风云莫测，我们的心，始终宁静如初，安稳如山。

练习步骤

我们常说一句话,"我的心都提到嗓子眼了",用来形象地描述一个人非常紧张或害怕的心理状态。"提到嗓子眼"意味着心跳得非常厉害,好像心脏都快跳到喉咙口了,以至于有一种感觉像是心脏都要跳出来一样。"想象自己是个不倒翁"是一种提倡身体和意识放松,运用体感和想象力来培养内在平和的练习,帮助稳住心神,生活得更加从容。

1. 意识下沉。尽量将意识引导至腹部,感受腹部随着意识的填充而充实。然后,通过鼻子缓缓呼气,感受心神随着气息的释放而下沉。

2. 腹式呼吸。采用腹式呼吸,将你的注意力放在腹部的起伏。想象这是你体内能量的源泉,并且随每次呼吸逐渐增强。

3. 构筑不倒翁形象。在你的心中,构建一个不倒翁的形象。体会它的底部,即重心,位于腹部,无论它如何摇晃,都能自然地回归到中心位置。

4. 保持稳定。当外部世界或内心的念头开始摇摆你的平和时,回到你的不倒翁形象,感受那份源自腹部的稳定性。每次思绪开始飘忽,过分关注外境时,你就出走了,回到腹部重心,就把它们带回你的腹部重心。

5. 保持重心。在日常生活中,无论你在做什么,时不时提醒自己重温这种感觉,回忆腹部作为重心的感觉,让这种状态渐渐变成自然的一部分。

6.日常练习。尝试在行走、站立或执行其他日常活动时,保持对腹部重心的注意力。保持这一专注可以帮助你在日常生活中增强平衡感和情绪稳定性。

通过"想象自己是个不倒翁"的练习,你将逐渐发现自己在身体和情绪上都变得更加稳定,无论外在环境如何变化,内心都能保持一份难得的安宁和从容,幸福感油然而生。

结束语

看见就是一种干涉

量子力学领域有个著名的实验：双缝实验。双缝实验号称"世界十个伟大物理实验"之首。双缝实验最早由英国科学家托马斯·杨在 19 世纪初提出。此后，各种升级版、加强版、鬼怪版，设计越来越刁钻，结果越来越邪行，指引着量子力学的闹鬼指数步步提升。

各种版本的实验得出的基本结论是：自行通过的量子表现为波，监督通过的量子表现为粒。通俗来说，没有看见它的时候，它表现为波；看见它的时候，它表现为粒。

根据测量导致波函数坍缩的原理，如果遭遇持续的测量干扰，量子将定格于波函数坍缩的状态，量子按薛定谔方程演化的过程就将被迫中断。那就相当于时间停止，就像一只野鹿夜间横穿公路时，被明晃晃的车灯突然照到的样子。量子被观察定住，这种情况被称为"量子芝诺效应"[①]。

这就是：看见的力量。

如果有人死死盯住（0.004秒/次，即一秒看250次）你的每一个原子，你就将化身木头人。你见与不见，这世界大不同。

所以，量子论的超级世界观似乎也在昭示："看见"是终极的秘诀，是内在力量的见证。

我的朋友，幸福如同盛开的花朵，缓缓绽放在你的心田；悲伤如同迷雾中的灰影，悄悄划过你的心空。将这些情感一一看见，不需言语，不需评判，只是单纯地、静静地看着。

看见不是逃避，也不是陷入，它是一种超脱与接纳。在这个看见的过程中，我们学会了与自己内心中的每一丝悸动平和地对话，从喧嚣中抽离，从纠缠中解脱，以一种几乎禅意的姿态，领悟情感的真谛。

当我们不再避开或是盲目追寻，而是勇敢地、坦然地去看见自己，我们会发现，在这个深邃的看见中，情感便缓缓地流淌成一首首静谧的诗篇，诉说着生命中的真实。它们不会永远占据我们的心灵，它们来了又去，它们走了又来，正如云卷云舒，自在缥缈。

让我们尝试去实践这门简单实用的幸福魔法："看见"。在每一次心跳之间，每一次呼吸之间，我们将情感迎入我们的视线和心

[①] 内容引自唐三歌所著的《矛盾叠加：量子论的超级世界观》一书。

眼。那些曾被我们忽略的喜怒哀乐，都将成为通向自我洞察与成长的一扇明亮之窗。在看见的光芒中，我们了解情感，品味生活，完善自我，拥抱幸福。

任何情绪，看见它、使用它，你都会有很大的改变。如果情绪是消极的，你就会通过意识到它在你体内而消融它；如果情绪是积极的，你就会成为情绪本身。如果是快乐，你就会变成快乐；如果是愤怒，愤怒就会消融。

你可以用这一招来辨别一种情绪到底是消极情绪还是积极情绪？如果你意识到某种情绪，情绪就会消散，它就是消极的。如果你意识到某种情绪，你就变成了情绪，情绪然后传播并成为你的存在，它就是积极的。

意识在这两种情况下的作用不同。如果它是一种有毒的情绪，你可以通过看见、觉知来解除它。如果它是好的、幸福的、欣喜若狂的，你就会与它合二为一。

正是：看见幸福，你就会更幸福；看见痛苦，你就不再痛苦。

只要看见，你的人生将从此不同。

参考文献

1. 瓦尔·赫拉利.人类简史：从动物到上帝[M].林俊宏译.北京：中信出版集团，2017.

2. 戴维·巴斯.进化心理学[M].张勇，蒋柯，译.北京：商务印书馆，2015.

3. 罗伯特·赖特.洞见[M].宋伟，译.北京：北京联合出版有限公司，2020.

4. 阿尔伯特·埃利斯.我的情绪为何总被他人左右[M].张蕾芳，译.北京：机械工业出版社，2015.

5. 埃克哈特·托利.当下的力量[M].曹植，译.北京：中信出版集团，2009.

6. 岸见一郎，古贺史健.被讨厌的勇气[M].渠海霞，译.北京：机械工业出版社，2015.

7. 一行禅师.正念的奇迹[M].北京：中央编译出版社，2010.

8. 西格蒙特·弗洛伊德.精神分析引论[M].徐胤，译.杭州：浙江文艺出版社，2016.

9. 安东尼奥·达马西奥.寻找斯宾诺莎[M].周仁来，周士琛，译.北京：中国纺织出版社，2022.

10. 雷德·霍克.自我观察：第四道入门手册[M].孙霖，译.深圳：深圳报业集团出版社，2012.

11. 彼得·图尔钦.超级社会：一万年来人类的竞争与合作之路[M].张守进，译.太原：山西人民出版社发行部，2020.

12. 訾非.感受的分析：完美主义与强迫性人格的心理咨询与治疗[M].北京：中央编译出版社，2017.

13. 夏克·潘克塞浦，路茜·彼文.心智考古学：人类情绪的神经演化起源[M].王昊晟等，译.杭州：浙江大学出版社，2023.

14. 弗朗西斯·司各特·菲兹杰拉德.了不起的盖茨比[M].李继宏，译.天津：天津人民出版社，2018.

15. 小仲马.茶花女[M].王振孙，译.北京：人民文学出版社，2015.

16. 斯托夫人.汤姆叔叔的小屋[M].林玉鹏，译.南京：译林出版社，2019.

17. 夏洛蒂·勃朗特.简·爱[M].黄源深，译.南京：译林出版社，2018.

18. 列夫·托尔斯泰.安娜·卡列尼娜[M].于大卫，译.天津：天津人民出版社，2019.

19. 毛姆.月亮与六便士[M].高更绘，徐淳刚，译.杭州：浙江文艺出版社，2017.

20. 曹雪芹.脂砚斋批评本红楼梦[M].脂砚斋批评.南京：凤凰出版社，2010.

21. 梭罗.瓦尔登湖[M].田伟华，译.北京：中国三峡出版社，2010.

22. 罗智.王阳明：知行合一的心学智慧[M].北京：民主与建设出版社，2016.

23. 唐三歌.矛盾叠加：量子论的超级世界观[M].北京：商务印书馆，2021.

24. 高世瑜.唐代妇女生活[M].北京：中国工人出版社，2022.

25. 布里奇特·罗宾逊–瑞格勒，格雷戈里·罗宾逊–瑞格勒.认知心理学[M].凌春秀，译.北京：人民邮电出版社，2020.

26. 戴维·巴斯（David, M., Buss）.欲望的演化：人类的择偶策略[M].北京：中国人民大学出版社，2020.

27. 埃里克·乔根森.纳瓦尔宝典[M].北京：中信出版社，2022.

28. 詹姆斯.心理学原理[M].北京：北京大学出版社有限公司，2013.

29. 安东尼奥·达马西奥.当感受涌现时[M].北京：中国纺织出版社，2022.

30. 安东尼奥·达马西奥.笛卡尔的错误：情绪、推理和大脑[M].北京：北京联合出版公司，2018.

31. 赵思家.大脑通信员：认识你的神经递质[M].长沙：湖南科学技术出版社，2022.

32. 艾德蒙·罗尔斯.脑、情绪与抑郁[M].傅小兰等，译.上海：

华东师范大学出版社，2022.

33. 菲利普·津巴多，罗伯特·约翰逊，薇薇安·麦卡恩. 津巴多普通心理学 [M]. 北京：中国人民大学出版社，2016.

34. 海尔·德沃斯金. 圣多纳法：持久幸福、成功、平静的秘诀 [M]. 顾啸峰，译. 郑州：中原出版传媒集团，2019.

35. 杨澜. 幸福力 [M]. 杭州：浙江文艺出版社，2023.

36. 丹尼尔·卡尼曼. 思考，快与慢 [M]. 胡晓姣，李爱民，何梦莹，译. 北京：中信出版社，2012.

37. 里克·汉森. 大脑幸福密码 [M]. 杨宁等，译. 北京：机械工业出版社，2020.

38. 舍温·努兰. 生命之书 [M]. 林文斌，廖月娟，杜婷婷，译. 北京：中信出版集团，2019.

39. 李渔. 闲情偶寄 [M]. 杜书瀛，译注. 北京：中华书局，2018.

40. 菲利普·津巴多. 雄性衰落 [M]. 徐卓，译. 北京：北京联合出版公司，2016.

41. 丹尼尔·吉尔伯特. 哈佛幸福课 [M]. 张岩，时宏，译. 北京：中信出版集团，2018.

42. 泰勒·本-沙哈尔. 幸福的方法 [M]. 汪冰，刘骏杰，倪子君，译. 北京：中信出版集团，2022.

43. 安东尼奥·达马西奥. 万物的古怪秩序 [M]. 李恒威，译. 杭州：浙江教育出版社，2020.

44. 安东尼奥·达马西奥. 当自我来敲门：构建意识大脑 [M]. 李婷燕，译，北京：北京联合出版公司，2018.

45. 爱德华·伯克利，梅利莎·伯克利. 动机心理学 [M]. 郭书彩，译. 北京：中国工信出版集团，2020.

46. 史蒂芬·平克. 心智探奇：人类心智的起源与进化 [M]. 郝耀伟，译. 杭州：浙江人民出版社，2016.

47. 李娟. 我的阿勒泰 [M]. 广州：花城出版社，2021.